주방관리론

김경환 · 김병일 · 안형기 · 최재영 · 김남곤 공저

The Management Cuisines
in the kitchen

머리말

　인류는 기본적인 삶을 영위하기 위해 음식을 조리하여 섭취하는 생활을 해야 한다. 음식을 조리하기 위해서는 열원과 공간이 필요하므로 주방이란 공간을 만들어 음식을 조리하여 삶을 영위해 왔을 거라 생각된다. 주방의 역사는 우리 인생과 함께 이어져 내려오기 때문에 주방을 이해하는 것은 인류의 삶과 생활을 이해할 수 있는 좋은 자료가 된다. 주방은 인간이 불을 발견하고 그릇을 사용하면서부터 살아가기 위한 원시적인 주방공간에서 시작하여, 인공지능 기능을 지닌 최첨단 주방 시스템을 갖춘 주방공간으로 변화하고 있다. 더불어 오늘날의 주방은 단순히 조리작업만을 하는 곳이 아니라 고객들과 소통하는 열린 공간으로 외식업체의 홍보, 마케팅 기능까지 소화하는 복합적인 문화공간으로 자리 잡고 있다.

　조리사의 생활공간인 주방은 위생적이고 안전하고 쾌적한 작업공간을 유지해야 하며, 효율적인 작업 능률과 경제적 부가가치를 생산할 수 있는 공간이어야 한다. 따라서 주방은 과학적이고 체계적인 관리가 필요하다.

　필자가 오랜 시간동안 현장에서 경험한 주방관리 실무 기록을 통해 습득한 지식을 조리를 공부하는 예비 조리인에게 나누고자 한 권의 책으로 만들었다.

　본서의 구성은 조리사라면 꼭 알아야 할 주방관리 지식을 NCS 학습모듈에 기초하여 주방의 이해, 위생, 안전, 메뉴, 구매, 식재료관리, 시설·설비관리 그리고 기초 기능 익히기까지 가급적 상세히 다루어 실용적인 지침서가 될 수 있게 준비하였다.

　주방을 이해하고 관리하는 데 필요한 내용과 정보를 주기 위해 많은 시간을 할애하여 노력하였지만 이론적인 부분의 오류, 편집 등 많은 부족함이 보일 것으로 생각한다. 몇 번의 교정을 통해 가급적 오류를 줄이려고 했지만 나중에 보면 꼭 아쉬운 부분이 눈에 들어오기 마련이다. 이런 오류가 보이면 반드시 지도와 충고를 부탁드리며, 부족한 부분은 겸허히 수용하여 지속적으로 수정·보완해 좋은 책이 되도록 노력할 것을 약속한다.

　이 책이 발간되기까지 모든 지원을 아낌없이 주신 도서출판 효일 김홍용 대표님, 기획실장님 이하 편집부, 그리고 도움을 주신 모든 분들께 감사의 말씀을 전하는 바이다.

저자일동

Content

The Management Cuisines
in the kitchen

CHAPTER 1

{ 주방관리의 이해 }

1 주방관리의 개요

일반적으로 관리라 하면 '목표의 달성을 위해 조직된 집단의 합동적인 노력을 지휘·촉진하는 과정'이라고 사전에 정의되어 있다. 외식산업에서 주방관리는 '주방이라는 일정한 공간에서 고객에게 제공될 상품을 가장 경제적이며, 효율적으로 생산하여 최대의 이윤을 창출하는 데 필요한 인적·물적 자원을 관리하는 과정'을 말한다. 현대의 주방 공간은 각종 첨단조리기구와 각종 식재료의 저장 시설을 갖추어 놓고 조리사의 기능 및 위생적인 작업 수행으로 고객에게 판매할 상품(음식)을 생산하는 핵심 공간이라 할 수 있다.

특히 최근 호텔 및 외식업계의 주방은 단일화, 집약화로 효율적인 공간 활용을 위해 규모가 확대되고 기능이 전문화되는 경향이 나타나고 있으며, 이러한 경향은 주방관리의 중요성을 더욱 절실하게 요구하고 있다.

현대 외식산업의 특징은 시설의 고급화 및 조기 노후화, 노동집약성 등 제반 특징으로 인하여 경영 압박이 점차 증가하고 있는 것이 현실이며, 특히 주방에서 사용하는 식재료 및 기기, 에너지의 사용은 전체 외식산업 경비에서 상당한 비율을 점유하고 있다.

이러한 요소는 주방경영 뿐만 아니라 호텔 및 외식업체 전체 경영의 손익을 가늠하는 척도로, 주방관리에 좀 더 과학적인 운영방법의 필요성이 대두되고 있다. 이를 위해 식당의 형태와 규모에 따른 주방의 설정과 이에 필요한 적정 인원의 산출, 주방장비와 기기의 배치, 직무 분장에 따른 효율적 인력활용, 식재료의 적정구매와 관리, 기기 및 에너지의 효율적 이용과 관리 등이 절실히 요구되고 있다.

따라서 주방관리란 주방이란 제한된 공간 내에서 가장 경제적이고 효율적으로 인적·물적 자원의 합리적인 관리를 의미한다.

2 주방관리의 업무

(1) 주방의 조리업무

조리업무란 식재료의 구매, 상품의 생산, 판매 서비스에 이르는 전 공정에서 발생하는 제반업무를 말하며, 부차적으로 인력, 주방관리와 관계되는 업무도 이에 포함된다. 인적자원관리, 식재료관리, 시설관리, 위생관리, 안전관리로 크게 나누어지지만 궁극적인 목적은 합리적 조리업무에 따른 상품가치의 극대화를 통한 고객만족이다. 그러기 위해서는 주방도 변화하는 환경 속에서 새로운 정보와 지식을 학습하여 조직 내에 공유하고 전파시키며, 새로운 시대의 주역으로 강한 자부심과 프로정신으로 조리업무를 수행해야 한다. 또한 주방은 일정한 공간 속에서 기물과 장비 및 조리사들로 구성되어 유기적으로 움직이기 때문에 주방에서 이루어지는 일련의 생산과정은 체계적이고 조직적인 틀 속에서 이루어져야 한다. 즉, 시스템 관리로, 인적자원과 물적자원의 시스템으로 형성되어 있는 종합 자원을 사전관리와 실행관리로 구분하여 관리해야 한다.

사전관리는 전체적인 콘셉트를 외식관리영역에 바탕을 두고, 각 점포에서 계획하여 요구하는 상품을 가장 효율적으로 생산하는 데 수반되는 제 변수의 관리를 말한다.

실행관리는 주방의 한정된 인적·물적 자원이 구성되어 있는 공간에서 고객에게 제공될 상품을 가장 경제적이고 합리적인 생산 활동을 통해 최대의 이윤을 창출하는 데 요구되는 사항들을 구체적으로 관리하는 단계를 말한다.

조리업무의 기본 단계는 다음과 같다[그림 1-1].

1. 조리업무의 의사결정단계

전년도 매출, 객실 및 식당 예약 상황 등 기초 자료를 참조하여 예상 이용객 수를
예측하고, 소요 식재료의 구매 의뢰와 상황에 따른 메뉴 개발 등 효과적 수행을
위하여 시장경제에 늘 관심을 가져야 한다. 정기적 시장조사, 경쟁업체 매출 비교
분석 등을 통하여 항상 변화에 민감하게 대처하고, 비수기를 대비하여 식재료의
구매저장과 적정 재고량 유지를 위해 정기 제고조사를 실시하여야 한다.

2. 요리상품의 생산단계

표준량 목표에 의한 상품 생산과 예방적 측면의 조리공정관리를 말하며, 고객의
욕구를 충족하는 조리 상품의 품질관리에 신경을 써야 한다.

3. 요리 상품의 판매와 사후관리단계

고객의 요리에 대한 반응을 수시로 점검하고, 손님의 특성을 파악하여 고객카드
작성, 신 메뉴 개발의 기초 자료로 사용한다. 식사 후 잔반 량을 확인하여 메뉴의
선호도를 파악하고, 매출 품목 기록을 철저히 하여 비인기 상품에 대한 대체 메뉴
개발 등 고객관리에 최선을 다한다.

[그림 1-1] 조리업무의 기본단계

앞으로 조리업무는 인건비 상승에 따른 부담으로 주방시설의 현대화가 이
루어질 것이다. 재고관리, 인력관리, 메뉴관리를 위한 컴퓨터의 사용, 식품 가
공의 발달로 인한 다양한 가공품의 사용 등으로 조리공정이 단순화, 세분화
되는 등 경영합리화를 위한 많은 변화가 기대된다.

(2) 주방의 기능

1) 주방관리의 기본구성

주방에서 이루어지는 모든 기능, 즉 인적·물적 관리는 주방에 반입되는 식재료에서 시작되어 검수, 분배, 저장, 전처리, 준비, 조리공정을 거쳐 서비스로 이어져 고객에게 조리 상품을 전달하는 과정으로 이루어진다. 이 과정이 순조롭게 이루어지기 위해서는 검수 공간, 저장 공간, 작업 공간 등이 필요하며, 장비와 시설물, 작업동선, 서비스 공간의 확보도 중요하다. 특히 음식상품을 생산하는 조리 작업동선의 공간은 매우 중요하며, 작업 시 동선의 흐름을 효과적으로 처리하는 데 중점을 두어야 한다.

주방관리의 기본 구성은 다음과 같다[그림 1-2].

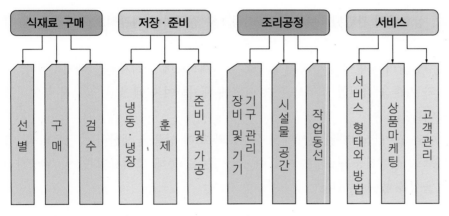

[그림 1-2] 주방관리의 기본구성

2) 주방관리의 기능

주방관리는 레스토랑의 조직에서 중요한 기능을 담당하며, 능률적이고 효율적인 목적 달성을 위해 지속적으로 발전하고 있다.

주방관리의 기능은 계획, 조직, 통제와 조정으로 구분할 수 있다. 주방에서는 일정한 공간을 유지해야 하며 그 공간 속에서 장비, 기물과 기기 및 조리사들로 구성되어 주방 안에서 이루어지는 생산 과정을 구체적이고 체계적으로 관리하는 것이 주방관리의 기능이다.

주방의 주어진 공간 내에서 고객에게 판매할 상품을 효과적인 방법으로 생산하여 이윤을 창출하고 기업에 기여하는 일련의 과정이라 할 수 있다.

① 계획화

계획화는 사명감과 목표, 그리고 업무를 달성하기 위해 행동방안을 선택하는 것을 포함한다. 관리활동을 합리적으로 수행하려면 이에 앞서 활동의 목표 및 실시 과정에 대한 계획을 세워야 한다. 이 계획에 따라 활동을 통제함으로써 합리적인 목표 달성이 가능해진다. 따라서 주방관리에 필요한 인적자원 계획, 시설 계획, 식재료 계획, 안전 및 위생 계획, 생산 계획을 세워 이에 맞는 체계적이고 과학적인 주방관리 계획을 세워서 집행해야 한다.

② 조직화

조직화는 호텔 및 외식업체들이 목적달성을 위해 각종 직무들을 명확히 하고, 상호간에 관련된 직무들을 유기적으로 결합하여 객관적으로 규정하여, 각 직무에 맞는 인적자원을 적재적소에 배치하는 관리활동이다.

주방관리 측면에서 주방의 조직화는 적재적소에 인적자원을 배치하거나, 지식과 기술을 겸비한 조리사를 각 파트에 배치하여 이에 맞는 직무를 부여하는 것이다.

이와 같이 조직화된 상태에서 식재료와 조리 상품을 생산하는 활동의 한 측면으로 실행기능을 들 수 있으며, 이 기능을 통해 조리사의 안전·위생관리 효율성을 높여야 한다.

③ 통제와 조정

통제와 조정이란 미리 설정된 계획과 업무활동이 일치하도록 지휘하고 감독하는 것을 의미한다. 따라서 항상 업무결과를 계획하고 비교해야 한다.

통제는 집행 활동이 계획에 일치하도록 하부의 활동을 측정하고, 수정하는 일이다. 통제는 주방의 업무 목표와 계획에 대한 성과를 측정하고, 업무에 차질이 생기면 즉시 수정·보완하기 위해 행동 조치를 취함으로써 계획의 달성을 보장한다. 주방의 인적, 시설, 기자재, 안전과 위생, 생산관리는 유기적으로 관리해야 업무가 효율적으로 진행될 수 있다.

(3) 주방의 분류

1) 형태에 따른 분류

① 기본형(표준형) 주방

영세적인 소규모의 주방형태로, 메뉴 수도 적고 생산 공정이 간단한 식당에 적합한 형태이다. 구매한 식재료의 전 공정이 동일한 장소에서 이루어지는 주방형태로, 오염구역과 비오염구역의 구분이 어려우며, 조리업무를 세분화하여 분업하기 어렵다. 능률이나 효율성 및 기술축적 등에 어려움이 있으며, 소규모의 레스토랑에 적합한 형태이다.

② 편의형 주방

기본형 주방형태보다 더 간편한 주방형태이다. 완전 혹은 반 가공된 식재료를 사용하는 주방으로, 간이형 저장 공간과 마무리 업무 공간만 있는 소규모 간이 주방에 적합한 주방형태이다.

③ 혼합형 주방

전문화되어 연속적으로 작업이 이루어지는 곳에 적합한 주방형태로, 작업 전처리 공간, 세척 공간, 저장 공간, 조리완성 공간으로 구분한다. 보통 오염구역과 비오염구역으로 구분하며, 오염구역은 저장 공간, 작업 전처리 공간, 세척 공간으로 구분하고, 비오염구역은 간이 저장시설과 조리완성 공간 및 서비스 공간으로 구분한다. 전통적인 주방형태로 생산과 판매가 한 곳에서 이루어지며 비용을 최소화할 수 있다. 하지만 음식생산에 필요한 각종 설비나 주방 장비를 구입해야 하므로 투자비가 많이 들며, 주방 장비의 이용률이 비효율적이라는 단점이 있다.

④ 분리형 주방

메인 주방(Main kitchen) 혹은 중심지원 주방(Centeral kitchen)이라고도 불리며 기초 준비작업 혹은 반제품, 완제품을 생산하는 조리업무를 수행하는 주방 공간과 마무리 조리업무를 하는 공간이 분리된 형태의 주방이다.

각 부분별 조리공정이 고도로 전문화되었으며 업무가 기능에 따라 구분되어 있다. 따라서 기능이 유사한 공정을 동일공간에 배열함으로써 대량 생산에 적

합한 주방형태이다. 오염구역과 비오염구역을 확실히 구분할 수 있으며, 체인 레스토랑의 모체 주방이나 대형 호텔의 메인 주방 등 대규모 주방에 적합한 형태이다[표 1-1].

[표 1-1] 주방의 형태

기본형(표준형) 주방	편의형 주방	혼합형 주방	분리형 주방
저장 공간	세척 공간	저장 공간	저장 공간
전처리 공간	마무리 공간	전처리 공간	전처리 공간
세척 공간	저장 공간	준비 공간	세척 공간
마무리 공간		세척 공간	준비 공간
		간이 저장 공간	간이 저장 공간
		마무리 공간	제과/부처
			보조주방

2) 기능에 따른 분류

① 지원 주방(Support kitchen)

지원 주방은 대형 호텔이나 외식, 체인 레스토랑의 단위 영업장에서 필요한 식재료를 생산하여 공급하는 주방이다. 일반적으로 서양식 조리부분에서 채택하고 있는 주방의 조직 형태로, 동일부분에 여러 개의 주방을 가지고 있으며, 기초 준비작업과 반제품 혹은 완제품을 생산한다. 즉 지원 주방은 메인 주방과 같이 각 영업 주방에서 음식을 효과적으로 생산할 수 있도록 기본 준비 과정을 담당한다. 더운 요리 주방(hot kitchen), 차가운 요리 주방(cold kitchen), 육가공 주방(butcher kitchen), 제과·제빵 주방(pastry and bakery kitchen), 기물세척 주방(steward kitchen), 얼음 조각실(ice carving room)이 지원 주방의 업무를 수행한다.

지원 주방의 장점은 다음과 같다.

- 효율적인 생산관리가 가능하다.
- 전문화, 표준화, 품질관리가 용이하다.
- 비용절감이 용이하다.
- 신규 메뉴개발이 용이하다.
- 분업화로 인건비가 절감된다.
- 대량구입으로 식재료비가 절감된다.

가. 더운 요리 주방(Hot kitchen)

더운 요리 주방은 음식을 만드는 과정에서 열을 가하여 만드는 음식을 생산하는 주방을 말한다. 즉 프로덕션(production)의 기능으로, 많은 양의 소스와 수프를 생산하여 각 주방으로 지원하는 업무를 수행한다.

더운 요리 주방에서는 쿡 칠드 시스템(cook chilled system)이란 표준화된 생산 공정을 사용하여 위생적이며 전문적인 대량 생산을 한다. 각각의 주방에서 개별적으로 생산하는 것보다 시간과 공간, 재료의 낭비를 줄일 수 있고, 무엇보다 일정한 맛을 유지할 수 있는 장점이 있다.

더운 요리 주방의 주요 업무는 육수(stock), 소스(sauce), 수프(soup), 더운 채소(hot vegetable) 등을 조리하여 각 영업 주방에 지원하는 역할을 한다.

나. 차가운 요리 주방(Cold kitchen, Garde-manager)

차가운 요리 주방이란 완성한 음식의 형태가 차갑게 제공되는 음식을 만드는 주방을 말한다. 차가운 음식을 만드는 과정은 열을 가하지 않는 형태로 완성하는 것과 열을 가하여 조리한 다음 차가운 형태로 완성하는 두 가지가 있다. 차가운 요리 주방에서 생산되는 음식은 일반적으로 색과 모양을 중요시하며, 그릇에 담아낼 때에도 음식의 아름다움을 최대한 표현해서 예술성을 강조한다. 또한 차가운 음식 중에서 살균되지 않은 음식도 많으므로, 차가운 요리 주방에서 조리한 음식은 신선함과 위생적인 면도 중요시해야 한다.

차가운 요리 주방에서는 차가운 전채(cold appetizer)류, 냉육(cold cut)류, 테린(terrine)류, 샌드위치(sandwich)류, 과일(fruit)류, 샐러드(salad)류, 각종 소스(sauce)류, 드레싱(cold dressing)을 만든다.

다. 육가공 주방(Butcher kitchen)

육가공 주방은 메인요리와 생선 요리를 비롯하여 육류, 가금류, 해산물 등을 손질하여 필요한 업장으로 지원해 주는 역할을 담당한다.

호텔이나 외식업체의 식재료 중 가장 고가의 식재료를 취급하는 업장이므로, 숙련된 조리사를 배치하여 가급적 육류 정선 시 손실률을 적게 하여 원가 절감에 기여한다.

육가공 주방의 주요 업무는 각종 육류, 가금류, 해산물 가공과 햄(ham) 또는 소시지(sausage) 및 훈제제품 등을 주로 만들며, 부위별 모양과 중량 및 형태별 크기를 조절하거나 적당량씩 재단한다. 특히, 냉동 제품 및 뼈가 부착된 육류를 절단기를 사용하여 전처리할 때 세심한 안전관리가 필요하다. 육가공 주방은 작업과정 중 안전관리에 더욱 신경써야 한다.

최근에는 호텔 등에서 인건비와 기타 제반 여건상의 이유로 육가공 주방의 기능을 축소하거나 외부로부터 발주·구입하여 사용하는 추세이다.

라. 제과·제빵 주방(Pastry and bakery kitchen)

제과·제빵 주방은 지원 주방으로서 독립된 시설과 규모 및 기능을 갖추고, 각 주방에서 필요한 빵(bread)과 디저트(dessert)를 만들어 제공한다. 연회 행사를 위하여 케이크(cake)류, 빵(bread)류, 파이(pie)류 등의 디저트를 만들어 제공하는 역할을 한다.

제빵은 밀가루(강력분)와 이스트 혹은 버터 등을 사용하여 빵을 만들며, 숙성을 거쳐서 뜨거운 상태에서 제품이 생산되므로 주방 온도가 제과 주방보다 조금 더 높게 유지되어야 한다. 특히 높은 온도에서 밀가루와 유지류를 취급하므로 세심한 위생관리가 필요하고, 화상 예방에 주의해야 한다.

제과는 아름다운 장식을 위한 섬세한 작업이 많으며, 크림류 사용을 많이 하여 주방의 온도가 높으면 안되므로 제빵 주방보다 낮아야 한다.

② 영업 주방(Business kitchen)

영업 주방은 지원 주방에서 준비한 식재료를 이용하여 고객의 주문에 맞추어 직접 음식을 만들어 제공하는 일선의 고객접점 주방으로 최고의 음식을 완성하는 역할을 담당한다. 저장시설은 간이 냉장·냉동고와 소형 저장고가 있어야 하고 영업장 특성에 적합한 기본 조리 시설을 갖추어야 한다.

가. 연회 주방(Banquet kitchen)

연회 주방은 연회 행사에 필요한 다양한 음식을 생산하고 최종 관리하는 주방으로서 호텔 주방에서 규모가 제일 크다. 대형행사가 대부분으로 짧은 시간에 많은 인원의 고객에게 음식을 제공해야 하므로 지원 주방과 전문 식당 주방의 신속하고 정확한 지원을 받아 연회 행사의 메뉴에 알맞게 음식을 제공한다. 더운 요리는 연회 주방에서 직접 조리하고, 차가운 요리와 디저트, 제과·제빵류는 지원 주방에서, 고급 한식·중식·일식 요리는 각 주방의 협조를 받아 제공한다.

음식을 조리하기에 앞서 예약된 메뉴 및 예약 인원, 행사 기간 등을 사전에 세심하게 점검해야 한다.

나. 뷔페 주방(Buffet kitchen)

뷔페는 식당에 차려진 모든 음식을 고정된 가격을 지불하고 마음껏 이용하는 오픈 뷔페를 비롯하여 사전 예약을 통하여 인원, 시간, 메뉴의 종류, 음식의 양, 가격 등을 정하여 이용하는 클로즈드 뷔페, 클로즈드 뷔페와 유사한 약식 스타일의 콤팩트 뷔페 등 영업 방식별로 구분한다.

뷔페 주방 조리사는 손님과 직접 접촉할 기회가 많으므로 항상 청결을 유지하고, 다양한 음식에 대한 전문 지식을 갖추어 고객들로 하여금 식당 이용에 만족을 줄 수 있도록 해야 한다.

다. 커피숍 주방(Coffee shop kitchen)

커피숍은 자주 이용하는 단골 고객이 많은데, 이들에게 신선한 분위기를 만들기 위하여 항상 심혈을 기울여야 한다. 커피숍 주방 조리사의 경우, 고객의 욕구에 맞추어 주기적으로 특색 있는 음식을 개발하여 제공하도록 노력한다.

전채류, 샐러드, 수프 등 가볍고 한정된 메뉴를 제공하는 세미뷔페와 샌드위치류, 가벼운 코스 요리, 일품 요리, 커피와 각종 차류를 제공한다.

커피숍 주방 근무자에게는 전문식당 근무자의 꼼꼼하고 섬세한 업무 형태와는 달리 식사를 빠른 시간에 제공해 줄 수 있는 날렵한 행동과 단정한 용모가 요구된다.

3) 업장에 따른 분류

① 양식당

양식당은 가장 발달된 형태의 주방구조를 가지고 있다. 대체로 분업화되었으며, 대형화된 식당이나 체인 레스토랑 등은 지원 주방을 가지고 있으며, 메뉴별 표준량 목표 설정과 단순화, 표준화, 전문화가 비교적 잘 갖추어져 있다.

양식당의 종류와 특징은 다음과 같다.

- 프랑스식 식당

프랑스 요리는 이탈리아의 '메디치' 가문에서 유래되었다고 알려져 있다. 프랑스 요리의 특징은 다양한 소스에서 비롯되며 와인과 리큐르, 버터, 생크림을 많이 사용하여 농후한 맛이 난다. 대부분 소스는 즉석에서 만든다.

- 이탈리아식 식당

남부지방에서는 해산물과 파스타 요리가 발달하였다. 토마토소스와 포도주, 마늘, 다양한 종류의 치즈와 올리브유를 많이 사용하는 한편, 북부지방에서는 버터와 생크림을 많이 사용한다. 피자의 원산지는 나폴리이며, 치즈가 많이 들어간 리조또도 유명한 음식 중의 하나이다.

이탈리아 요리는 주요리로 취급되는 것보다는 각 코스 요리의 독립성이 강하다. 가장 유명한 파스타 요리는 코스 요리 중 두 번째이지만, 지금은 단독 메뉴로 사람들에게 사랑을 받고 있다.

- 미국식 식당

빵과 곡물, 고기와 달걀, 낙농식품, 과일 및 채소 등의 재료를 이용하여 빠르고 간편하고 고칼로리이며, 많은 양의 요리를 만드는 것이 특징이다. 보통 1차 가공된 식재료를 많이 사용하여 간소한 메뉴와 경제적인 재료로 영양위주의 실질적인 식단을 구성하고 있다.

② **한식당**

한국 전통음식점으로 교자상, 반상, 일품 요리, 계절별 특선 요리 등으로 나뉜다. 한국 요리는 식재료, 주방기구, 화력, 양념 등 네 가지 요소를 중요하게 여기며, 유교의 영향을 받아서 독상 중심이다.

곡물 요리법과 탕 음식이 발달하였고, 한국 요리의 맛은 국물 요리와 손맛에 있으므로 아주 소량의 양념으로도 맛이 변화한다.

한국 요리의 구체적인 특징을 살펴보면 다음과 같다.

- 주식과 부식이 분리되어 발달하였다.
- 곡물조리법이 발달하였다.
- 음식의 간을 중요하게 여긴다.
- 조미료, 향신료의 사용이 섬세하다.
- 발효음식이 많다.
- 자극적이고 강한 양념을 많이 사용한다.
- 처음부터 음식을 상에 차려서 내어준다.
- 유교의례를 중요하게 여기는 상차림이 발달하였다.
- 아침식사를 중요하게 생각한다.

최근 표준화된 주방구조와 메뉴가 많은 사람들에 의해 시도되고 있다. 아직 대부분의 주방구조가 기본형 구조 혹은 혼합형 구조로 되어 있지만, 국내 한식당의 외식업체들이 분리형 주방구조를 사용하여 성공리에 영업 중이다.

③ 중식당

중국 요리를 지역적으로 크게 분류하면 북경 요리, 남경 요리, 광동 요리, 사천 요리 등이 있다. 색체 배합보다는 미각의 만족에 초점을 두고 단맛, 짠맛, 신맛, 매운맛, 쓴맛의 배합이 조화를 이룬다. 동·식물의 유지방을 잘 사용하고 높은 온도에서 단시간 조리하는 조리방법을 많이 사용한다.

중국 요리의 특징은 다음과 같다.

- 다양한 식재료를 사용한다.
- 맛의 배합이 복잡하고 다양하다.
- 조리법이 다양하다.
- 대체로 기름을 많이 사용한다.
- 조미료와 향신료의 종류가 많다.
- 접시에 많은 양의 음식을 화려하게 담는다.
- 조리용 기구가 간단하고 사용법도 단순하다.

중식 주방은 중국 요리의 다양성에 비해 조리용 기구는 그 수가 대단히 적고 사용법도 단순한 것이 특징이다. 그래서 대부분 중식 주방은 간편하게 꾸며져 있다. 강한 화력과 다량의 기름 사용으로 유증기가 많이 발생하므로 벽이나 천장 및 후드 등을 자주 세척하여 화재를 예방해야 한다. 또한 강한 화력 때문에 물기 제거에도 노력해야 하며, 위생적인 주방환경을 조성할 수 있도록 구성한다.

중국 요리는 크게 4대 요리로 구분하며 다음과 같다.

• 북경 요리

일명 '징차이'라고도 하며, 고급 요리가 발달하여 육류를 중심으로 강한 화력을 이용해 짧은 시간에 조리하는 튀김 요리와 볶음 요리가 특징이다.

• 남경 요리

남경 요리는 남징, 상하이, 쑤조우, 양조우 등의 요리를 총칭하며, 상하이 요리라고도 한다. 남경 요리 중 서양 사람의 입맛에 맞게 변형된 요리가 유명하며, 지방의 특산물인 장유를 이용한 달콤하고 기름기 많은 요리가 발달하였다. 요리의 색상이 진하고 화려한 조리방법이 특징이다.

• 광동 요리

광동 요리는 흔히 '난차이'라고 한다. 서양 요리 재료와 조미료를 광동의 특이한 요리에 접목시켜 독특한 맛을 이룬 것이 특징이다. 광동 요리의 재료는 상어 지느러미, 제비 둥지, 사슴 뿔, 곰 발바닥 등 특수 재료에서 뱀의 뼈, 고양이, 개, 원숭이의 뇌수에 이르기까지 다양하다.

• 사천 요리

마늘, 파, 고추 등을 넣어 만드는 매운 요리가 많아서 대부분 신맛과 매운맛, 그리고 톡 쏘는 자극적인 맛과 향기가 요리의 기본을 이루고 있다. 대표적인 사천 요리는 마파두부와 새우 칠리소스 등이 유명하다.

④ 일식당

일본 요리는 색과 요리의 맛을 중요하게 여긴다. 그리고 가능한 조미료를 사용하지 않고 재료가 가지고 있는 맛을 최대한 살리며 계절에 적절한 재료를 사용한다.

일식 주방은 몇 개의 구역으로 나누어서 음식을 조리하며 다음과 같다.

- 초밥 카운터

  고객과 대화하면서 음식을 제공하는 공간이다. 청결한 위생, 정성어린 배려와 서비스, 신선한 음식, 즐거운 분위기 등을 제공해야 한다.

- 익힘 요리 코너

  뜨거운 요리를 담당하는 곳으로, 조림요리와 냄비요리를 끓이며, 튀김요리를 만들고 각종 구이를 요리하는 공간이다.

- 칼판 코너

  생선회, 초회 등을 만들고 채소 등을 다듬는 공간이며, 수족관을 관리하기도 한다.

- 담기 코너

  전채 요리를 만들고 각종 샐러드를 담당한다. 구이 요리와 도시락 등 완성된 요리를 접시에 담아서 제공한다.

- 철판구이 코너

  고객을 직접 상대하면서 두꺼운 철판 앞에서 요리를 제공한다.

⑤ 카페테리아 식당(Cafeteria)

음식을 차려놓으면 고객이 요금을 지불하고 직접 음식을 선택하여 먹는 식당이다. 자유로운 분위기의 카페테리아는 속이 빈 사각형의 형태를 연상하면 된다. 뜨겁고 차가운 음식을 구별해 놓은 카운터가 세 개의 벽을 따라 배치되어 있고, 네 번째 면은 줄을 서고 빠져 나가기 위해 문으로 열려져 V자 모양으로 음식이 정렬되어 있다. 카운터는 90°로 위치해 있거나 각이 엇갈린 사다리꼴이나 톱니 같은 정렬로 이루어져 있다. 포크, 나이프, 냅킨, 무료제공 음식 등은 가능한 한 기다리는 시간을 줄이기 위해서 캐셔(cashier)가 위치해 있는 건너편에 비치하는 것이 좋다. 그리고 다수의 고객이 식사비용을 동시에 지불할 수 있도록 카운터를 여러 개 만들기도 한다.

⑥ 단체급식 식당

단체급식의 방향은 단체에 소속된 사람들에게 음식 서비스를 통하여 달성하고자 하는 단체의 목표에 의해 결정된다. 음식은 일반 주방과 동일하게 각각의 파트별로 나누어서 생산하게 된다. 단체급식은 생산과 서비스 사이에 시간적 차이가 있으며, 대부분의 음식들은 배식시간 동안 대량으로 서비스 라인에서 적정한 상태로 보존된다.

단체급식의 체계는 다음과 같다.

- 전통 급식체계

직영시스템의 단일 주방형태에서 많이 사용하는 시스템이다. 식품을 구매하고 조리하는 과정부터 배식까지 한 장소에서 이루어지며, 생산과 소비가 동일한 장소에서 이루어지는 재래식 급식 형태의 주방이다.

- 중앙 공급식 급식체계

분리형 주방을 운영하며, 지원 주방에서 음식을 생산하여 여러 급식소로 분배해 주는 생산체계를 갖는 주방시스템이다.

- 예비 저장식 급식체계

제품을 냉장·냉동하여 일정기간 동안 저장한 후, 필요한 시기에 간단한 재가열을 통해 음식을 제공하는 시스템이다. 생산과 소비가 분리되므로 주방설비 운영과 조리인력을 효율적으로 운영 할 수 있다.

- 조합식 급식체계

식품제조 가공업체로부터 제품화된 편의식품을 구입하여 제공하는 방식으로, 간단한 주방설비로도 운영이 가능한 시스템이다.

⑦ 연회 식당

연회 주방의 형태는 단체급식 주방과 비슷한 구조를 가지고 있다. 대량 생산을 위해서 주방이 일자 배열되어 있으며, 주방기기나 공간 구성은 대량 생산이 가능하도록 갖추어져 있다.

3 주방기물종류와 관리

(1) 기물의 종류

- 주방 기물(Utensil)

주방 및 바에서 사용하는 모든 기구를 통칭하여 말한다. 스테인리스, 구리, 철 등 깨지지 않고 오래 사용할 수 있는 재질을 사용한다.

- 영업장 기물(Hollowware)

영업장 내에서 사용하는 커피포트 또는 은기물이나 거울 접시, 뷔페용 음식 기물 등을 통칭한다.

- 테이블용 기물(Flatware)

식탁에서 사용하는 숟가락, 젓가락을 포함한 각종 테이블용 기물을 통칭하며, 영업장의 콘셉트에 따라 종류와 디자인 등을 다르게 한다.

- 유리 기물(Glassware)

유리그릇을 제외한 모든 컵류를 통칭한다. 각종 주류의 특성에 따라 종류를 다르게 하고, 영업장의 특성에 따라 종류를 다르게 한다.

- 도자기 기물(Chinaware)

주방 및 영업장에서 사용하는 모든 도자기류를 통칭하는 것으로, 영업장의 기능이나 성격에 따라 종류나 디자인을 다르게 하고 있으므로 다양하다.

1) 주방장비

Gas Range
가스를 사용하여 조리할 때 사용

Oven
대류열을 이용하여 조리할 때 사용

Broiler
직화구이로 육류, 생선, 가금류 등을 구울 때 사용

Griddle
두꺼운 철판으로 볶음요리를 할 때 사용

Deep Fryer
각종 음식물을 튀길 때 사용

Low Gas Range
많은 양의 육수나 소스를 끓일 때 사용

Convection Oven
다양한 기능을 가졌으며 건열·습열 모든 요리에 사용

Microwave Oven
열이 안에서부터 전달되어 빨리 익히거나 데울 때 사용

Salamander
열원이 위에 있어 음식의 색을 내거나 구울 때 사용

Tilting Skillet
손잡이를 돌리면 기울어지고 다양한 조리에 사용

Rice Cooker
밥을 지을 때 사용

Rice Dishwasher
쌀을 세척할 때 사용

Ice Machine, Cube
얼음을 사각으로 얼릴 때 사용

Ice Machine, Crush
분쇄된 얼음을 얼릴 때 사용

Pizza Oven
피자를 구울 때 사용

Steam Kettle
스팀을 열원으로 끓이거나 삶을 때 사용

Pasta Machine
파스타면을 생산할 때 사용

Hamburger Patty Machine
햄버거 패티를 성형할 때 사용

Multi Food Chopper
원료육을 만들 때 곱게 다지면서 섞을 때 사용

Sausage Stuffing Machine
원료육을 케이싱에 충진할 때 사용

Smoking Machine
소시지, 생선, 가금류 등을 훈제할 때 사용

Sausage Boiling Pot
소시지 충진 후 삶을 때 사용

Meat Saw
고기나 뼈를 자를 때 사용

Meat Mincer
고기를 갈 때 사용

Meat Slicer

고기를 자를 때 사용

Vaccum Packing Machine

가공된 육제품을 진공 포
장할 때 사용

Defrosting Machine

육류나 생선을 해동할 때
사용

Tenderizer

육류의 질긴 부위를 잘라
연하게 할 때 사용

Cook Chilled System

수프·소스류를 포장하여
식혀서 저장하는 시스템

Cook Boiled Tank

스튜나 찜, 갈비 등 장시
간 습열 조리할 때 사용

Soup Cutter Blander

수프를 끓인 후 곱게 갈
때 사용

Water Warmer

물을 끓인 후 따뜻하게
보관할 때 사용

Quick Frizer

육류·생선을 품질변화
없게 급속 냉동할 때 사용

Table Refrigerator

테이블 형태의 냉장고로 간단
한 차가운 요리 작업시 사용

Wipping Creamer

생크림을 휘핑할 때 사용

Mixer

드레싱이나 마요네즈를 칠
때 사용

Barbeque Machine
야외에서 바비큐 파티를
할 때 사용

Aging Machine
고기를 숙성시킬 때 사용

2) 주방기기

Table-Top Cutter Blender
모든 식재료를 갈아줄 때
사용

Vegetable Slicer
채소를 자를 때 사용

Waffle Machine
와플을 만들 때 사용

Sandwiches Machine
샌드위치를 만들 때 사용

Food Slicer
식재료를 얇게 슬라이스
할 때 사용

Food Mincer
고기나 식재료를 으깰 때 사용

Food Chopper

고기나 식재료를 잘게 다
질 때 사용

Blender

식재료를 갈면서 섞을 때
사용

Vegetable Twist Cutter

채소를 가늘고 길게 채
썰 때 사용

Rotary Cheese Grater

치즈를 갈 때 사용

Sausage Filler

수동으로 소시지를 충진
할 때 사용

Orange Juicer

오렌지 주스를 짤 때
사용

Torch Lamp

털 등 불순물을 태우거나
색을 낼 때 사용

Double Boiler

수프, 소스를 식지 않게
보관할 때 사용

Heat Lamp Wormer

로스트한 육류를 썰 때
따뜻하게 보관하는 램프

Bread Slicer

토스트 빵을 자를 때 사용

3) 주방기물

Stock Pot
스톡을 끓일 때 사용

Sauce Pot
소스를 끓일 때 사용

Stew Pot
스튜를 조리할 때 사용

Steamer Pot
스팀으로 요리할 때 사용

Sauce Pan
소스를 데우거나 끓일 때
사용

Frypan
모든 식재료를 볶을 때
사용

Fish Kettle
생선, 갑각류를 포장할 때
사용

Condiment
각종 양념류를 보관할 때
사용

Bain-Marie Pot
소스 등을 담아 뜨거운
물에 보관할 때 사용

Conical Colander
샐러드 채소의 물기를 제
거할 때 사용

Food Pan
음식물을 담을 때 사용

Soup Dipper
수프를 떠서 다른 그릇에
담을 때 사용

Soup Strainer
수프를 거를 때 사용

Chinese Colander
소스나 국물을 거를 때
사용

Colander With Wire Gauze
소스나 국물을 곱게 거를
때 사용

Chinese Colander Wire
소스나 국물을 곱게 거를
때 사용

Auto Funnel
소스를 일정한 양으로
뿌릴 때 사용량을 조절

Sieve
고운가루를 체에 내릴 때 사용

Mixing Bowl
식재료를 혼합할 때 사용

Yule Log Moulds
테린이나 젤리를 굳힐 때
사용

Pie Pan
파이류를 구울 때 사용

Baking Sheet
파이류를 구울 때 사용

Pizza Sheet
피자를 구울 때 사용

Cake Pen
케이크를 구울 때 사용

Sauce Boat
소스를 담아 제공할 때
사용

Ladle
액체식품을 뜰 때 사용

Perforated Spoon
액체와 고형물을 분리할
때 사용

Solid Spoon
조리할 때 저어주거나
액체류를 뜰 때 사용

Sauce Ladle
소스를 요리에 끼얹질 때
사용

Spoon, Crosswise
소스를 칠 때 사용

Skimmer
거품이나 불순물을 건질
때 사용

Basting Spoon
로스팅 할 때 고기의 육즙
과 기름을 끼얹질 때 사용

Spaghetti Server
스파게티를 건질 때 사용

Ice Cream Scoop
아이스크림을 뜰 때 사용

Measuring Cups
식재료를 계량할 때 사용

Measuring Spoons
식재료를 계량할 때 사용

Melon Scoop
열대과일이나 채소를 구
슬모양으로 뜰 때 사용

Egg Wedger
달걀을 웨이지 모양으로
자를 때 사용

Egg-Slicer
달걀을 동그란 모양으로
자를 때 사용

Apple Corer/Wedger

사과를 웨이지 모양으로
자를 때 사용

Vegetable Peeler

채소 껍질을 벗길 때 사용

Lemon Glater

레몬 제스트 벗길 때 사용

Fish Scaler

생선 비늘을 제거할 때 사용

Cheese Slicer

치즈를 자를 때 사용

Crinkle Cut Slicer

크링클 모양으로 썰 때 사용

Pizza Wheel

피자를 자를 때 사용

Pastry Wheel

패스츄리 반죽을 자를 때
사용

Meat Fork

로스팅 고기를 잡고 고정
시킬 때 사용

Vegetable Press

삶은 채소를 곱게 으깰
때 사용

Garlic Press

마늘을 으깰 때 사용

Potato Masher

삶은 감자를 으깰 때 사용

Cheese Grater

치즈를 곱게 갈 때 사용

Grater

식재료를 곱게 갈 때 사용

Tomato Stoner

토마토의 꼭지를 제거할
때 사용

Lemon Stoner
레몬이나 오렌지 등의 껍질을 벗길 때 사용

Apple Stoner
사과의 씨방을 제거할 때 사용

Fish-Bone Remover
생선가시를 뽑을 때 사용

Clam Knife
대합, 조개류 등의 입을 열 때 사용

Lemon Squeezer
레몬즙을 짤 때 사용

Wire Whip
크림이나 달걀을 칠 때 사용

Kitchen Scissors
음식물을 자를 때 사용

Oven Pizza Peel
피자반죽을 오븐에 넣고 꺼낼 때 사용

Slotted Turner
조리 중 식재료를 뒤집을 때 사용

Hot Cake Toner
달걀 프라이나 햄버거 등을 뒤집을 때 사용

Meat Tenderizer
스테이크를 두드릴 때 사용

Rubber Spatula
소스 등 액체류를 알뜰하게 긁어 모을 때 사용

Spatula
주걱으로 케이크와 빵 등에 크림을 바를 때 사용

Pancake Spatula
팬케익을 뒤집을 때 사용

Hamburger Mold
햄버거 패티를 성형할 때 사용

Meat Hook
고기를 걸어둘 때 사용

Piping Beg
으깬 감자나 휘핑크림을
짤 때 사용

Salt Mill
소금을 음식에 뿌릴 때
사용

Pepper Mill
후추를 음식에 뿌릴 때
사용

Lobster Pick
바다가재 살을 발라낼 때
사용

Chainmail Glove
뼈와 단단한 고기를 톱질
할 때 사용

Grain Grater
깨나 곡물을 곱게 갈 때
사용

Mold Set
적당한 두께의 반죽 또는
채소를 모양낼 때 사용

Broiler Brush
브로일러를 청소할 때 사용

Shaker
각종 음료를 흔들어 섞을
때 사용

Skewer
꼬치구이를 할 때 사용

Can Opener Table Type
업소용 큰 캔을 오픈할
때 사용

(2) 칼

조리종사원에게 칼(Knife)이란 조리도구 이상의 의미를 갖는다. 멋진 작품의 탄생을 위해서는 작품에 합당한 조리기기의 선택과 사용이 조화를 이루어야 하고, 조리사의 숙련된 기술이 필수라 할 수 있다.

칼의 역사를 살펴보면 구석기, 신석기 시대의 돌도끼, 돌칼 같은 원시적인 형태의 칼에서 청동기, 철기시대를 맞으면서 청동 칼과 무쇠 칼을 동시에 사용하였고, 로마시대에 접어들어 현대의 칼과 비슷한 모양의 칼을 사용하였다는 기록이 있다. 1900년대 들어 스테인리스강으로 식칼을 제조하여 사용하게 되었다. 현재는 외식산업의 발달로 작업용도에 맞는 세련되고 고급화된 칼이 생산되고 있으며, 많은 조리사들이 사용하고 있다.

칼을 선택할 때는 작업용도에 맞는 적절한 칼을 사용해야만 빠른 시간 안에 작업을 능률적으로 마칠 수 있고 예술적인 요리를 완성시킬 수 있다.

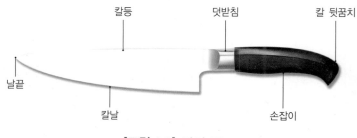

[그림 1-3] 칼의 구조

1) 칼을 사용한 썰기 조작

식재료의 조리 작업 중 썰기(자르기)는 가장 많이 하는 동작으로, 식품을 먹기 쉽고 빨리 익게 하고 섭취 후 소화를 쉽게 하기 위해 행해지는 조리조작이다.

썰기(자르기) 조작은 칼의 구조, 칼의 용도를 이해하여도 경험이 있어야 하며, 음식 특성상 조리법이 달라지고, 자르는 방법이 여러 가지 있으므로 숙련해야 한다. 칼날의 각도와 썰기의 편함과의 관계는 각도가 작을수록 재료에 가해지는 압력이 적어서 썰기도 쉽고 재료의 형태가 일그러지지 않고 썬 자리도 매끈하고 곱다. 조리사라면 누구나 칼의 사용용도를 숙지하고 안전에 주의하며 끊임없이 썰기 조작을 숙달시켜야 한다.

[표 1-2] 칼의 사용 목적

목적	설명	
형태와 크기의 규격화	각종 요리의 원하는 크기와 형태, 규격대로 썰어서 사용하면 시각적으로 보기도 좋고, 씹힘성, 맛도 향상된다.	
자름면의 표면적 확대	식재료를 작게 자르면 표면적이 확대되어 조미료의 침투, 향미성분의 침출, 영양성분의 용출이 잘 되어 맛이 좋아지며, 열 전달이 원활하며 가열시간이 짧아지고 연료비가 절감된다.	
불가식 부분의 제거	식재료를 손질하면 먹지 못하는 불가식 부분이 발생한다. 채소의 껍질, 고기의 지방, 생선의 비늘 등 가장 많은 것은 어패류로 약 40%, 감자류 약 15%, 채소류 15%, 과일류 30~40%이며, 기타 약 25%이다. 불가식 부분은 썰기 또는 자르기를 통해 제거한다.	
소화 및 흡수 용이	익혀서 섭취함으로써 식품안전과 위생으로부터 보호하고 소화·흡수가 좋아진다.	

2) 칼 사용 방법

보통 식칼을 사용한 썰기 기본법은 수직으로 자르기, 앞으로 밀면서 자르기, 뒤로 빼며 자르기가 있다.

앞으로 밀면서 자르기와 뒤로 빼며 자르기는 칼을 앞으로 밀거나 뒤로 빼는 운동과 칼날의 수직 운동을 합친 동작이다. 서로 합친 힘은 단도의 힘보다 커지므로 같은 식재료를 자르는 경우에 수직으로 자르기보다 앞으로 밀면서 자르기, 뒤로 빼며 자르기가 더 쉽다.

뒤로 빼며 자르기는 재료의 저항이 칼의 한곳에만 집중되는 효과가 있으므로 재료의 찌그러짐도 적고 자르기도 쉽다. 또 칼과 식품의 접촉면을 적게 하면 자르기 쉽다. 칼 사용 방법은 다음과 같다.

• 밀면서 자르기

무, 양배추, 오이 등의 채소류를 채 썰 때 사용하는 방법이다. 오른쪽 집게 손가락을 칼등에 대고 끝 쪽으로 미는 듯 가볍게 움직이면 곱게 썰어지고, 위에서 아래로 내리누르듯이 힘을 주면 채소의 섬유질이 파괴되어 썰은 단면이 거칠어진다.

• 빼며 자르기

칼의 안쪽은 들어 올리고 칼끝을 재료에 비스듬히 댄 채 잡아 당기듯이 써는 방법이다. 오징어를 채 썰 때나 고기류에 칼집을 낼 때 이 방법을 이용한다. 또한 조직이 연하고 물기가 많은 오이나 셀러리 같은 채소를 흐트러지지 않게 가지런히 썰 때 칼끝을 사용하여 썰기도 한다.

• 눌러 썰기

다져썰기의 방법으로 왼손으로 칼끝을 가볍게 누르고, 오른손을 상하 좌우로 누르듯 써는 방법이다. 흩어진 것은 다시 모아 같은 동작을 반복하면 곱게 다져진다.

3) 칼의 종류

Chef Knife

다용도로 사용,
20~35Cm 정도

Utility Knife

육류·채소·과일을 자를 때 사용, 15~20Cm 정도

Vegetables Knife

홈이 있어 칼에 채소가 붙는 것을 방지

Butcher's Knife

육류를 잘게 자를 때 사용

Boning Knife

뼈와 살을 분리할 때 사용

Steak Knife

칼끝이 날카로우며 고기를 손질 및 자를 때 사용

Carving Knife

로스팅 고기나 훈제연어를 즉석에서 썰 때 사용

Butcher Cleaver Knife

도끼 칼이라 불리며, 칼날은 무디나 닭 뼈나 작은 뼈를 자를 때 사용

Chinese Knife

중국 요리를 할 때 식재료를 썰 때 사용

Blowfish Sashimi Knife

복어를 횟감으로 저밀 때
사용

Japanese Sashimi Knife

일본 고래 등 횟감용 생
선을 저밀 때 사용

Fish Cleaver Knife

생선 뼈를 토막내거나 자
를 때 사용

Potato Knife

감자의 껍질을 벗기거나
썰 때 사용

Paring Knife

과일·채소 껍질을 벗기거
나 정밀하게 썰 때 사용

Knife

한손에 잡힐 정도의 크기
이며 칼날이 곡선 형태를
나타내고 과일이나 채소
등을 모양을 내서 다듬을
때 사용

Grapefriut Knife

미세한 톱날이 있고 약간
휘어져 있어 자몽이나 오
렌지 과육만을 떠내는 데
사용

Cheese Knife

치즈를 자를 때 사용

Cheese Knife Handle

큰 경질치즈를 힘을 주어
자를 때 사용

Decoration Knife

칼날이 지그재그 형태로
채소와 치즈를 썰 때 사용

Salmon Knife

연어를 슬라이스 할 때
사용

Ham Slicing Knife

햄을 얇게 슬라이스 할
때 사용

Bread Knife

프렌치 브레드 같은 빵을
썰 때 사용

Carving Set

각종 과일, 채소 조각에
사용

4) 칼 가는 도구

① 숫돌(Sharening Stone)

단조형 칼(동양식-한국, 일본)을 가는 보조기구로 칼날을 예리하고 날카롭게 갈기 위한 돌이다. 입자의 크기에 따라 초벌갈이용, 칼 날 세우기용, 마무리용 등 사용법이 달라진다. 입자가 굵고 거친 면은 초벌갈이용, 중간 정도의 입자는 칼 날 세우기용, 입자가 곱고 가는 면은 마무리용으로 사용한다.

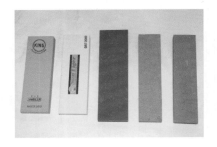

숫돌을 사용한 칼 가는 방법은 다음과 같다.

가. 숫돌을 충분히 물에 담가둔다.

나. 숫돌이 미끄러지지 않게 천을 깔고, 그 위에 숫돌 가이드를 준비한다(가이드가 없을 시 천을 말아 숫돌 밑에 받쳐준다).

다. 30° 정도의 각도로 경사지게 숫돌을 놓는다.

라. 칼날을 전면으로 향하게 하여 숫돌과 평행하게 칼날을 숫돌에 밀착시켜 일정한 힘을 가하여 밀어 내린다.

마. 후면을 전면과 같은 방법으로 밀어 내린다. 대부분의 칼을 갈 때 전면과 후면의 밀어 내리는 횟수는 보통 8:2 정도로 하면 알맞다.

바. 칼날이 갈아졌으면 세척 후, 종이에 기름을 묻혀 칼을 코팅하여 보관한다.

[그림 1-4] 숫돌을 사용하여 칼 갈이 하는 모습

② 칼 갈이 봉(Sharening Steel)

주조방식으로 제조된 서구식 칼의 날을
세우는 데 사용되는 보조기구로, 대부분
탄소강으로 만든다. 쇠 봉에 직선으로 많
은 결을 만들어 칼날을 세우게 하고 손잡
이 바로 윗부분에 안전사고 예방을 위한
안전보호대가 만들어져 있다. 칼날을 세

우는 방법은 칼 갈이 봉의 상단에 20°의 각으로 일정한 힘을 실어 7~8회 정
도 양면을 내려민다.

칼 갈이 봉을 사용한 칼 가는 방법은 다음과 같다.

가. 칼날을 세우는 방법은 칼 갈이 봉의 상단에 20°의 각으로 일정한 힘을 실
어 전면과 후면의 날을 7~8회 정도 내려민다.

[그림 1-5] 칼 갈이 봉을 사용하여 칼 갈이 하는 모습

참고 칼 손질 및 관리하기

• 칼등과 손잡이를 동시에 잡는다.
• 엄지손가락과 집게손가락으로 칼등을 가볍게 잡고, 나머지 세 손가락으로 칼의
  손잡이 부분을 감싸듯이 잡는다.
• 손목의 힘을 빼고 가볍게 쥐어야 칼을 자유롭게 움직일 수 있다.

(3) 주방기물 및 기기관리

호텔이나 외식업체에서 사용하는 조리장비 및 기기는 고가이며 주의하여 취급하지 않으면 조리상품의 생산에 차질을 초래한다. 직접 장비와 기기를 사용하는 조리사는 투철한 주인의식과 절약정신을 갖고, 관리자는 장비와 기기에 대한 사용법, 관리법을 교육·숙지시켜 사용자에게 책임과 의무감을 철저히 주지시켜 최고 품질의 조리 상품을 생산하여 고객에게 만족을 줄 수 있어야 한다.

최근에는 기술의 발달로 부분적으로나마 조리장비가 자동화 및 첨단화되어 가고 있으며, 이로 하여 제품의 균일화와 노동력을 절감할 수 있는 장점이 있다. 그러나 잘못 사용하면 신체에 치명적인 손상을 입거나 값비싼 기계의 수명을 단축시키고 조리 상품의 품질을 저하시킬 수 있다. 모든 사용자는 다음 사용수칙에 따라 업무에 임하면 좋은 결과를 얻을 수 있다.

- 모든 기기는 사용 방법과 용도를 정확히 숙지한 다음 전문가의 지시에 따라 사용한다.
- 사용용도 이외의 다른 목적으로 사용하지 않는다.
- 기기에 무리가 가지 않도록 사용한다.
- 기기에 이상이 있을 경우, 즉시 사용을 중지시킨 후 적절한 조치를 취한다.
- 기기의 전압용량과 영업장 전압이 일치하는지 확인다.
- 각종 기기는 모터에 물기가 스며들지 않도록 주의하며 항상 청결하게 유지한다.

(4) 주방기물의 관리요령

1) 오븐(oven)

① 오븐을 열어젖히고 온도를 확인한 후, 분사기를 사용해서 오븐 클리너를 골고루 뿌리고 후 약 10~15분 정도 기다린다.

② 온수 및 뜨거운 물을 뿌려주며, 자루가 달린 솔을 사용해서 골고루 문질러 남아 있는 오븐 클리너를 완전히 제거한다.

③ 비눗물을 사용해서 오븐 속 전체를 수세미로 문질러준다.

④ 물을 뿌려서 비눗물을 제거한다.

⑤ 마른 걸레로 오븐 속을 닦는다.

2) 그리들(Grilled)

① 80℃에서 닦는 것이 가장 좋다.

② 그리들 판에 분사기를 사용해서 오븐 클리너를 골고루 뿌리고, 약 15~20분 정도 기다린다.

③ 자루가 달린 솔을 사용해서 골고루 문지른다.

④ 뜨거운 물로 씻어낸 후, 비눗물을 사용해서 닦아낸 다음 물기를 제거하고, 기름칠을 한다.

⑤ 그리들 아래의 철판을 꺼내서 철판을 세척하고 원 위치한다.

⑥ 재사용 시에는 칠해진 기름을 그리들이 타기 전에 닦은 후 사용한다.

3) 브로일러(Broiller)

① 열을 올려 태운 후, 약간 식으면 자루가 달린 와이어 솔을 사용해서 골고루 문지른다.

② 뜨거운 물로 씻어내고 비눗물을 사용해서 닦아낸 다음 물기를 제거하고, 기름칠을 한다.

③ 브로일러 아래의 철판을 꺼내서 깨끗이 세척 후 원 위치한다.

④ 재사용 시에는 열을 올려 물 세척을 한 후, 오일타올로 한번 코팅 후 사용한다.

4) 스토브(Stove)

① 열을 올려 태운 후, 약간 식으면 자루가 달린 와이어 솔을 사용해서 골고루 문지른다.

② 뜨거운 물로 씻어내고 비눗물을 사용해서 닦아낸 다음 물기를 제거하고, 기름칠을 한다.

③ 스토브 아래의 철판을 꺼내서 깨끗이 세척 후 원 위치한다.

5) 틸팅 팬(Tilting pan)

틸팅 팬은 기울여서 식품을 쏟을 수 있게 손잡이가 달린 팬이며, 음식을 굽고, 삶고, 끓이는 등 용도가 아주 다양하다.

① 우측 손잡이를 돌려서 팬을 기울어지게 한다.

② 오븐 클리너를 뿌리고, 10~15분 정도 기다린다.

③ 뜨거운 물로 깨끗이 씻고 세척제를 사용해서 닦는다.

④ 마른 걸레로 물기를 제거한다.

6) 프라이팬(Fry pan)

• 알루미늄 코팅 프라이팬

코팅된 프라이팬의 첫 손질은 부드러운 스펀지에 세제를 묻혀 닦아낸 다음, 따뜻한 물로 헹구고 물기를 없앤 후 식용유를 얇게 발라주면 코팅이 된다.

• 주물 프라이팬 손질 및 보관법

① 사용하기 전에 미리 길들이는 작업이 중요하다. 많이 사용한 기름을 2/3 정도 붓고 발연점 가까이 가열한 후 그대로 식힌다.

② 충분히 식으면 새 기름을 부어 깨끗하게 닦아내며, 기름막이 생기면 코팅이 된 것이다. 요리가 눌어붙지 않고 쉽게 할 수 있다(1차 코팅).

③ 사용할 때 열을 올려 새 기름을 한번 칠하고 사용하면 달라붙지 않고 요리를 쉽게 할 수 있다(2차 코팅).

④ 조리 후 뜨거운 물로 씻어준다.

7) 스토브후드(Stove hood)

스토브후드의 기름때를 제거하지 않고 방치하면 화재에 노출되어 큰 위험을 초래할 수 있다. 자주 청소를 해야 하며 기름때 제거용 강력세척제를 사용한다.

8) 제빙기(Ice machine)

① 플러그를 뽑고 전원을 차단시켜 기계를 정지시킨 다음 얼음을 빈 그릇에 옮겨 담는다.

② 뜨거운 물을 붓고 구석구석 녹인다.

③ 수세미로 비눗물을 풀어서 골고루 문질러준 후, 맑은 물로 두 번 정도 깨끗하게 세척한다.

④ 마른 걸레로 깨끗하게 닦아준다.

9) 작업대 및 스테인리스 스틸 제품

오븐 클리너를 뿌려서 1번 정도 닦고, 비눗물을 풀어서 1번 정도 닦고 난 뒤에 물로 세척하고, 마른 걸레로 비눗물과 물기를 깨끗이 제거한다.

10) 천장

가벼운 비눗물 세척만으로도 가능하다. 1개월 1번 정도면 충분하다.

11) 배수로

① 드레인 위에 덮어 놓은 철판을 들어서 옆으로 넘어지지 않게 세운다.

② 자루가 달린 긴 비를 이용해서 물과 고여 있는 음식 찌꺼기를 망이 있는 곳까지 쓸어낸다.

③ 드레인 뚜껑을 열어젖힌다.

④ 두 손으로 여과망의 양 손잡이를 잡고 들어올린다.

⑤ 들어 올린 망을 통에 쏟아 붓는다.

⑥ 들어낸 망을 원 위치시킨다.

⑦ ②와 ③에 고여 있는 기름때는 3일에 한 번 정도 기구를 사용해서 퍼내야 한다.

12) 냉동고와 냉장고

① 저장하고 있는 음식물의 가장 적절한 온도를 유지한다.

② 모든 냉동고와 냉장고의 표면은 쉽게 청소할 수 있어야 하고, 흡수성이 없는 재료를 사용한다.

③ 조도는 냉동고와 냉장고 안에서 라벨을 읽을 수 있을 정도로 한다.

④ 냉동고와 냉장고의 선반은 연장을 사용하지 않고도 쉽게 떼어낼 수 있어 청소하기 쉬워야 한다.

⑤ 내부는 날카로운 가장자리나 코너가 없어야 한다.

⑥ 녹이 슬지 않아야 하며, 조각이 나지 않고 금이 가지 않아야 한다.

⑦ 워크인 유닛은 벽과 바닥을 봉합함으로써 틈을 없애 습기나 해충 발생이 없도록 해야 한다.

(5) 주방 청소 시 주의점

① 청소할 때 문지르지 말고 솔로 닦아야 한다.

② 갑판용 솔을 사용하고, 솔질 후에는 뜨거운 물을 많이 부어서 씻어야 한다.

③ 전문청소용역업체에 의뢰하여 휴일 또는 야간에 작업을 시켜 천장이나 벽 등 청소하기 어려운 곳을 닦도록 한다.

④ 특수 스테인리스 스틸 클리너를 사용 한다.

⑤ 알루미늄 스프레이 페인트를 준비해서 녹이 나는 테이블 다리 등을 칠한다.

⑥ 나무로 된 테이블은 전부 스테인리스 스틸로 덮고, 나무도마 대신 플라스틱 도마를 사용한다.

CHAPTER 2

{ 위생관리 }

1 개인위생

　개인위생이란 개인을 대상으로 위생 상태를 관리하는 행위를 말하며 두발, 손톱, 화장, 장신구 착용, 복장 등이 해당한다. 조리종사원의 철저한 위생관리는 본인의 건강관리뿐만 아니라 식품위생관리와도 밀접한 관련이 있다. 몸을 매일 깨끗이 씻어야 하고 식품을 취급하기 전에 반드시 손을 세척·소독해야 한다. 머리를 긁거나 코 후비기, 껌 씹기, 흡연 같은 비위생적 행위를 삼가해야 한다. 이런 행동들은 손과 입을 통해서 교차오염을 유발할 수 있기 때문에 조리종사원들은 지정된 장소에서 흡연과 식음료 섭취를 해야 하며, 반드시 손을 씻는 습관을 가져야 한다. 또한 땀이나 머리카락, 비듬 등 다른 오염물질이 음식에 혼입되는 것을 방지하기 위해 반드시 위생적인 복장 착용이 요구된다. 복장은 머리망, 모자, 스카프, 상의, 하의, 앞치마, 안전화 등으로 구성하여 착용하여야 하며, 손톱을 짧게 손질하고, 화장이나 향수 사용을 자제하고 반지나 팔찌 등 장신구 착용도 금지해야 한다. 다음은 반드시 지켜야 할 개인위생수칙 항목이다.

(1) 개인위생수칙

1) 개인기본위생

- 신체를 청결히 유지하고 항상 손을 씻는 습관을 기른다(소독수 세척).
- 손톱은 매일 짧게 깎고 위생적으로 손질·관리한다.
- 반지 및 팔찌, 시계, 목걸이 등의 장신구는 교차오염의 위험이 상존하므로 착용하지 않는다.
- 화장은 기초화장을 연하게 하고 짙은 향수는 삼가한다.
- 남성은 머리를 짧게 깎고 위생 모자를 착용하고, 여성은 머리를 단정히 묶어 머리망을 반드시 착용한다.

2) 개인작업위생

- 작업장에서는 조리안전화를 신고 출입하며, 반드시 소독발판에 조리안전화를 소독하고 입실하도록 한다. 외출 후 재입실할 때도 똑같은 방법으로 시행한다.
- 조리 시 위생마스크를 반드시 착용하여 침이나 오염물질이 음식에 들어가는 것을 예방한다.

- 작업 중 베인 상처가 2차 오염되지 않게 즉시 치료하고 조리업무에는 임하지 않는다.
- 부득이 작업을 해야 할 경우에는 소독 후 밴드로 잘 감싸고, 손가락 덮개를 씌운 후 작업한다.
- 음식물 앞에서 기침이나 재채기를 하지 않는다.
- 위생복을 착용한 상태에서는 의자 외에 바닥에 앉지 않는다.
- 위생복을 착용한 상태로는 화장실 출입을 금해야 한다.

(2) 복장위생

조리사의 복장은 조리사의 얼굴이다. 조리를 사랑하는 조리사라면 몸가짐, 언행, 복장 이 세 가지는 반드시 명심하여 조리사의 위상 재고에 앞장서야 한다. 조리사 본인이 착용하는 복장을 함부로 취급하고 심하게 오염시켜 아무데나 방치하거나 심지어 버리는 행위는 조리사 스스로를 낮추는 행위이므로 반드시 근절해야 한다. 조리복장은 음식물을 취급하는 주방에서 항상 열과 가스, 전기, 날카로운 주방기기 등 조리 시 현장에서 발생할 수 있는 위험요소와 비위생적인 환경으로부터 조리사의 신체를 보호하고 위생적으로 작업할 수 있게 하는 역할을 한다. 따라서 조리사의 복장은 작업 중 더러워지거나 오염이 되

면 즉시 갈아입고 작업을 하며, 작업복을 입고 절대 작업장 밖으로 나가지 않도록 한다. 항상 청결한 상태로 올바른 착용방법으로 갖추어 입는 것이 중요하며, 조리사의 복장 착용법은 다음과 같다.

1) 위생모자와 위생스카프

머리카락이 음식에 들어가는 것과 이마의 땀을 흡수하여 음식이 오염되는 것을 예방한다. 모자착용 시 머리카락이 모자 안으로 다 들어가야 하며, 미간 사이에 중심이 오도록 반듯하게 착용한다. 모자는 재질과 모양은 다르지만 목적은 같다. 구겨지지 않고 오염되지 않도록 청결하게 관리하고 똑바로 착용하는 것이 중요하다. 여자의 경우 위생 스카프를 사용하기도 한다.

2) 상의

자신의 몸 크기보다 약간 더 크다고 느껴지는 치수를 선택해야 하며, 소매는 손목 2~3cm 정도 보이게 접어 사용하는 것이 작업 시 편리하다. 상의는 가슴부분이 2겹으로 겹쳐지게 제작되었는데, 가슴의 화상을 예방하기 위함이다. 원형단추는 화상으로부터 신속하게 대처하기 위해 쉽게 풀 수 있도록 제작되었다.

3) 하의

허리치수에 맞게 선택하여 긴바지를 입어야 하고, 너무 길어 발에 밟혀 넘어지는 일이 없도록 주의한다. 어두운 색상으로 땀 흡수가 잘 되고 편한 것으로 선택한다.

4) 앞치마

상·하의의 오염을 방지하고, 뜨거운 액체로부터 화상예방의 목적도 있다. 착용법은 복부중앙을 기준으로 한번 꽉 조인 뒤, 남은 끈을 나비모양으로 단단히 묶어준다.

5) 안전화

반드시 발등을 덮어야 하며 칼 등 날카로운 조리도구가 떨어졌을 때 보호될 수 있는 구조로, 방수 및 통풍이 잘 되고 특히 미끄럼에 안전해야 한다.

6) 목 머플러

안전사고 발생 시 지혈을 하는 목적으로 착용하지만 호텔의 경우 다양한 색을 착용하여 직급을 나타내기도 한다.

(3) 건강관리

식품을 취급하는 사람(채취·제조·가공·조리·저장·운반 또는 판매에 직접 종사하는 사람)은 질병이 없는 건강한 사람이어야 한다. 식품취급자는 1년에 1번 정기적으로 건강진단을 받고 신체적으로 건강하다는 것을 확인하고, 반드시 조리사는 결과를 확인하여 조리 참여 가능여부를 확인해야 한다. 또한 영업주, 위생관리책임자는 매일 영업을 시작하기 전 종사자의 건강 이상 여부를 확인(설사, 복통, 구토 등)하고, 건강에 문제가 있는 경우 충분한 휴식과 치료를 받고 작업을 하도록 한다.

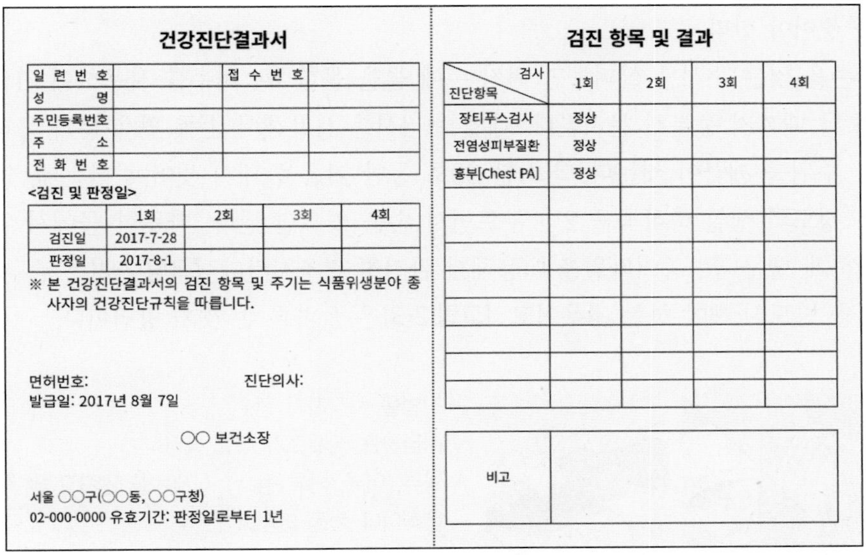

건강진단결과서				검진 항목 및 결과				
건강진단결과서				**검진 항목 및 결과**				
일 련 번 호		접 수 번 호		검사 / 진단항목	1회	2회	3회	4회
성 명				장티푸스검사	정상			
주민등록번호				전염성피부질환	정상			
주 소				흉부[Chest PA]	정상			
전 화 번 호								

<검진 및 판정일>

	1회	2회	3회	4회
검진일	2017-7-28			
판정일	2017-8-1			

※ 본 건강진단결과서의 검진 항목 및 주기는 식품위생분야 종사자의 건강진단규칙을 따릅니다.

면허번호: 진단의사:
발급일: 2017년 8월 7일

○○ 보건소장

서울 ○○구(○○동, ○○구청)
02-000-0000 유효기간: 판정일로부터 1년

비고

[그림 2-1] 건강진단서 예시

(4) 손 씻기

손은 조리사들이 제일 많이 사용하는 신체부위로 식재료를 비롯하여 기기, 설비 등 주방에서 사용되는 모든 작업은 손을 거치지 않고서는 생산되지 못한다. 손은 표면과 직접 접촉하므로 그만큼 각종 세균과 바이러스를 인체에 전파시키는 매개체이다. 특히 손의 접촉으로 감염성 질환을 감염시킨다. 따라서 손 씻기란 각종 세균과 바이러스가 손을 통하여 전파되는 경로를 차단하는 중요한 과정이다. 손 씻기를 반드시 해야 하는 경우에는 식재료 취급 전·후, 기구나 설비를 사용하기 전·후, 음식물을 만지기 전, 작업 공정이 바뀌거나 손이 비위생적인 곳에 접촉한 경우 등 항상 손을 깨끗이 씻어야 한다.

손 씻기는 습관화가 중요하기 때문에 올바른 손 씻기 방법에 대한 지속적인 교육이 필요하다. 1999년 FDA 식품관련법규에는 손과 팔은 43℃(110℉)의 온도에서 비누를 사용해 20초 동안 씻어야 한다고 하였으며, 작업교대 시나 새로운 작업을 시작할 때, 날 음식을 다룬 후, 화장실에 다녀온 후, 돈이나 다른 물건들을 만진 후, 주방출입 등 작업시간 동안 몇 가지 중요점을 명심하고 손을 씻어야 한다.

손을 씻는 순서를 살펴보면 먼저 손에 물을 묻힌 후, 비누를 사용하여 거품이 날 때까지 충분히 문지른다. 네일 브러시를 사용해서 손톱 밑 부분과 큐티클 주위를 깨끗이 씻는다. 최소한 20초 동안 거품을 내서 씻어야 하는데, 10초 정도의 생일 축하곡을 2번 부르면서 손을 씻으면 된다. 따뜻한 물에서 완벽하게 헹군 후, 종이타월을 이용해서 완전히 건조시킨다. [그림 2-2]는 손 씻기를 반드시 해야 하는 경우이고, [그림 2-3]은 올바른 손 씻기 방법이다.

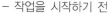

– 작업을 시작하기 전
– 취급하는 식재료가 바뀔 때마다
– 육류, 어류, 난류 등 날 식재료를 만지고 난 후
– 음식이나 차를 마시고 난 후
– 담배를 피운 후
– 코를 풀거나 재채기, 기침을 한 후
– 기구나 설비를 사용하기 전·후
– 신체의 일부를 만진 경우
– 쓰레기나 청소도구를 만진 경우
– 화장실을 다녀온 후

[그림 2-2] 손을 세척해야 하는 경우

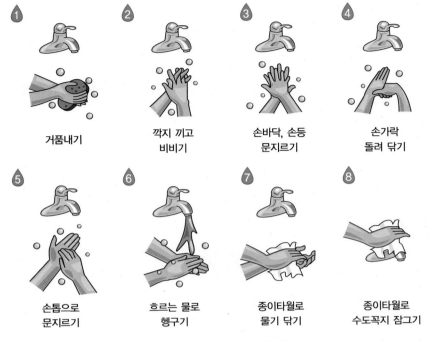

① 거품내기	② 깍지 끼고 비비기
③ 손바닥, 손등 문지르기	④ 손가락 돌려 닦기
⑤ 손톱으로 문지르기	⑥ 흐르는 물로 헹구기
⑦ 종이타월로 물기 닦기	⑧ 종이타월로 수도꼭지 잠그기

[그림 2-3] 올바른 손 씻기 방법

(5) 화장실 사용 시 주의사항

화장실은 식중독을 일으킬 수 있는 미생물과 세균이 잘 자랄 수 있는 환경이므로 화장실 전용 신발을 갖추어 사용하고, 다시 주방 출입 시 출입구에 소독발판을 밟고 출입하여 외부의 세균이 주방으로 옮겨지는 것을 방지한다.

화장실을 사용할 때는 전용 신발을 비치하여 이용한다. 식품취급 중 화장실에 갈 경우에는 사복으로 갈아입고, 용무 후 손을 씻고 손을 소독한 다음, 다시 작업복으로 갈아입고 업무를 계속한다.

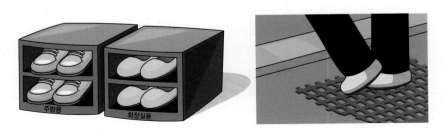

[그림 2-4] 신발 구분 사용 및 소독발판 이용

2 주방위생

각종 시설, 설비, 장비, 기기, 기구 등 주방을 위생적으로 청결·관리한다. 이는 시설의 수명을 연장시키고, 식재료의 안전한 유지·보관 및 원활한 사용을 하기 위함이다.

(1) 주방시설 위생관리

주방은 항상 따뜻하고 다습한 환경으로 미생물의 생육환경과 같아서 위생관리에 소홀하면 비위생에 노출되기 쉽다. 주방은 항상 깨끗한 상태를 유지하고 1일 1회 이상 청소한다. 조리사는 작업 전과 작업 후에 정리정돈 및 청소를 반드시 실시하고, 항시 정리정돈하는 습관이 몸에 배어야 한다. 주방 실내 온도는 16~20℃, 습도는 70% 정도가 적당하며, 통풍이 잘 되도록 환기시설을 가동시킨다. 조명은 70~100lux 정도가 좋으며, 가능한 자연채광 효과를 얻을 수 있도록 한다. 또한 정기적인 방제 소독을 실시하고, 각종 해충을 구제할 수 있는 기본적인 시설관리 대책을 수립한다. 주방시설의 위생관리 수칙은 다음과 같다.

- 주방 관계자 외의 외부인의 출입을 금하고 주방 내에서 금연한다.
- 폐유는 하수구에 버리지 않고, 보관 후 담당자에게 의뢰하여 처리한다.
- 유효기간이 지난 가공품 및 품질이 변한 식품은 사용하지 않는다.
- 지저분한 표면을 닦을 때 사용한 스펀지, 솔, 행주는 그 밖의 다른 용도에 사용하지 않는다.
- 땀을 닦을 때 조리복 소매나 앞치마, 주방 행주를 사용하지 않는다.
- 음식을 맛볼 때는 맛보기용 전용 스푼을 휴대하고, 맛을 본 후 반드시 세척한다.
- 주방청소는 적어도 매일 1회 이상하며, 천장, 바닥, 벽면도 주기적으로 청소한다.
- 냉장고, 냉동고 관리는 항상 깨끗하게 청소하고, 내부를 완전히 말려서 사용하며 선입선출 후 온도관찰에 유의한다.

(2) 주방기기 위생관리

　음식물을 생산하는 데 사용되는 장비, 기기, 기구 및 용기는 음식물에 독성 물질이나 유해 냄새 또는 맛을 옮기지 않아야 하며, 위생을 고려하여 선택해야 한다. 주방기기와 기물은 분해 및 세척이 어려워 찌꺼기가 쌓여서 세균이 쉽게 서식한다. 그러므로 식품과 접촉하는 표면은 제일 먼저 위생적으로 안전해야 한다. 평평하고 내흡수성이며, 부식되지 않아야 하고, 튼튼하여 반복되는 세척에 견딜 수 있도록 무게와 두께가 충분하고 긁힘, 뒤틀림 및 부패에 강해야 한다.

　재질은 위생적인 내수성 재질로, 소독과 살균이 가능해야 하며, 보통 주철은 가열 조리기구의 표면에만 사용 가능하고 도자기나 법랑 등은 납의 용출이 허용치 이하인 경우에만 사용 가능하다.

　목재재질은 가능한 최소한으로 사용해야 한다. 나무도마의 경우 오염되기 쉬운 대표적인 주방용품으로 독소가 없어야 하며, 음식물의 냄새나 맛에 영향을 주지 않아야 한다. 단풍나무를 가장 많이 사용하며 딱딱한 고무나 아크릴로 만든 도마는 물에 담그거나 세척기에 넣어 소독할 수 있으므로 나무도마보다 위생적이다. 사용 중인 도마는 틈이나 금이 가지 않아야 하며, 식품의 종류별로 분리하여 사용하고 사용 후 깨끗하게 세척과 소독해야 한다.

　미국을 포함한 선진국 경우에는 식품을 취급하는 기기 및 기물에 대하여 NSF(National Sanitation Foundation)에서 표준을 정하여 인증사업을 시행하고 있으므로, 수입 장비를 구입할 경우에는 반드시 NSF 마크를 확인하도록 한다. 주방기기 위생관리 수칙은 다음과 같다.

- 주방기기(믹서, 차핑머신, 스팀 솥, 오븐렌지, 슬라이스 머신)의 사용 후에는 깨끗이 닦고 건조시킨다.
- 기계 내부 부속품에는 물이 들어가지 않도록 한다.
- 차핑머신(Chopping machine) 칼날 같은 부속품은 물기를 제거하여 곰팡이나 병원균이 서식할 수 없도록 한다.
- 딥 프라이(deep fry)의 경우, 기름을 매일 뽑아내어 거르거나 교체하며, 기름이 산화되어 더 이상 사용할 수 없으면 용기는 세제로 세척하여 찌꺼기가 없도록 청소 후 말려서 사용한다.
- 석쇠(grill)면은 영업종료 후, 세척하고 윤이 나도록 닦는다.

- 스팀(steam) 솥은 조리 후나 세척 후 물기가 남지 않도록 세워둔다.
- 주방기기를 사용한 후에는 파손이나 분실되지 않도록 반드시 제자리에 놓는다.
- 주방냄비(주물 프라이팬)는 사용 상태에 따라 정기적으로 대청소(세척 후 불에 태운다)한다.
- 브로일러(broiler)와 쇠꼬챙이는 사용 후 세척한다.
- 금속재질로 알루미늄이 아닌 것은 과도한 열을 주지 않는다.
- 칼은 사용 후 재질에 따라 적당한 처리를 한 후 보관한다.
- 도마는 사용 후 깨끗이 씻어 물기를 제거하여 보관한다(도마 전용 소독기).
- 모든 기물은 부피가 작은 것이라도 함부로 던지지 않는다.
- 모든 기구나 기물은 주방바닥에 내려놓은 채로 방치하지 않는다.
- 기물세척 시 재질이 서로 다른 기물은 분리하여 세척한다.

(3) 행주 위생관리

행주는 주방에서 사용되는 위생용품 중 조리종사원과 가장 친밀한 관계이다. 식재료의 찌꺼기와 수분이 함께 존재하므로 특별한 위생관리가 요구된다.

행주에 부착된 포도상구균의 제균 효과를 보면 수세만으로도 상당수의 균을 제거할 수 있지만, 실제 생활에 이용될만한 균의 감소는 가져올 수 없기 때문에 소독 과정을 거쳐야 한다.

행주의 가열살균과 처리 과정은 세정 → 헹굼 → 열탕소독 → 건조의 순서로 이루어진다.

(4) 방충 · 방서관리

해충은 식품의 안전 및 식품위생에 커다란 위협요인이다. 매일 실시하는 청소와 소독은 외식업소 해충방지의 가장 중요한 방지책이다. 해충이 외식업소 안으로 침입하지 못하도록 통제하고, 전문적인 해충구제 업체의 도움을 받아 이미 침입한 해충제거를 위해 노력한다. 병원균을 옮기는 쥐, 바퀴벌레, 파리 등 해충이 생기는 것을 방지하기 위해서는 주방을 항상 청결하고 위생적으로 관리하여 근원을 제거해야 한다.

주방 출입문과 창문에 방충망을 설치하고 입고된 물품 상자는 즉시 밖으로 방출하고, 쓰레기통은 매일 버리고 세척하여 뒤집어 보관한다. 갈라진 틈과 타일은 즉시 보수하고, 음식물은 뚜껑을 덮어 보관하거나 냉장고에 보관한다. 그리고 주기적인 소독과 해충이 자라기 좋은 고온 다습한 환경을 만들지 않게 적절한 환기와 온도를 유지한다.

주방에는 해충, 쥐 등 오염 매개체를 관리하는 살균기, 방충망 등 방충·방서 대책이 계획되고 수행되어야 하며, 필요한 경우 전문 위탁업체에 의뢰하여 관리할 수 있다. 쥐의 침입이 가능한 배수구 및 균열 등을 정기점검하여 보수한다. 정기적인 방제 소독을 실시하도록 하며, 각종 해충을 구제할 수 있는 기본적인 대책은 다음과 같다.

- 식재료 반입 시 농산물 박스포장은 반입 후 즉시 밖으로 반출한다.
- 바닥이나 벽의 깨진 타일이 있으면 즉시 보수한다.
- 가급적 쓰레기 발생을 줄이고 쓰레기통은 새지 않아야 하며, 방수성이 있고, 쉽게 청소할 수 있어야 한다. 쓰레기통은 해충이 침투하지 못하게 뚜껑을 반드시 덮어서 사용한다.
- 음식물 쓰레기는 가급적 작업 후 즉시 폐기하고 깨끗이 세척한다.

(5) 쓰레기관리

호텔 및 외식업체의 쓰레기와 오물은 쓰레기 반출구를 통해서 내부에서 외부로 반출되어야 한다. 쓰레기 및 오물이 반출되는 과정에서 쓰레기와 더불어 사용 가능한 식재료 및 비품을 함께 반출시키는 경우가 있으므로 철저한 감독과 관리가 요구된다. 내용물이 없는 빈 박스로 오인하여 식재료를 낭비하고 음식물 쓰레기와 함께 작은 칼이나 필러같은 도구들이 버려지기도 한다.

쓰레기와 오물의 효율적인 기본관리 대책은 다음과 같다.

- 정해 놓은 쓰레기통 이외에 쓰레기를 쌓아놓아서는 안 된다.
- 음식물을 준비하는 장소에서 쓰레기는 가급적 즉시 제거하여 냄새나 해충 출입을 방지해야 한다.
- 쓰레기통은 비우고 난 후 물로 헹구고, 물 70%와 표백제 30%의 비율로 혼합한 용액으로 소독한다.
- 쓰레기통을 세척할 때는 뜨거운 물과 차가운 물, 바닥 배수시설이 필요하다.
- 일반쓰레기와 음식물, 재활용 쓰레기로 분리수거를 철저히 한다(쓰레기통 색깔 또는 봉투 색으로도 분리수거를 하기도 한다).
- 남은 음식물은 뚜껑을 덮은 후, 별도의 보관 장소에서 위생적으로 보관한다.

음식물 전용 쓰레기통

비위생적인 음식물 쓰레기 보관

[그림 2-5] 음식물 쓰레기 관리요령

3 식품위생

(1) 식품위생의 개념

인간은 세상에 태어나 필수적으로 식품을 섭취해서 에너지를 얻어야 생명을 유지할 수 있다. 인간이 먹을 수 있는 모든 것이 식품이 될 수 있지만, 식품은 좋은 영양소를 함유해야 하고 위해요소를 포함하지 않아야 한다. 식품은 크게 논이나 밭에서 수확하는 농작물, 바다에서 잡은 수산물, 목축으로 생산된 육류로 나누어지고, 이를 토대로 조리 또는 가공하여 포장, 저장, 유통에서 소비까지 전 과정을 거쳐 우리의 식탁에 오르게 된다. 이러한 과정에서 잠깐이라도 방심하면 식품이 유해 환경에서 오염에 노출되어 인간에게 치명적인 해를 입히게 된다. 그러므로 식품은 생산, 취급, 조리, 가공, 포장, 저장, 유통, 소비에 걸친 전과정을 철저하게 위생관리하여 식품의 안정성을 확보하는 게 중요하다.

현대에서는 식품산업과 외식산업의 발달로 다양한 식재료와 새로운 형태의 식품이 생산되고 있다. 이에 따른 식품첨가물, 식용색소의 사용과 식재료를 키우는 과정에서 항생제, 농약 등 화학물질들에 노출되며 용기, 포장재에 대한 오염 사례도 늘고 있다. 이에 따라 소비자들의 식품 안전에 대한 관심과 함께 불안감도 증대되고 있으며, 식품위생에 대한 관리·감독 기능도 한층 강화되고 있는 실정이다.

식품위생관리 방법은 다음 항목에 기준한다.

- 세균성 식중독 및 경구전염병의 원인균이 식품에 오염되지 않도록 해야 하며, 오염물은 절대로 식용하지 않는다.
- 식품을 부패시키는 미생물에 오염되지 않도록 살균 후, 저온에서 단기간 저장한다.
- 식품첨가물은 사용량의 한계를 넘지 않도록 한다.
- 반입, 저장, 조리과정에서 유독 또는 유해물질의 혼입을 방지한다.
- 모든 과일, 채소류는 흐르는 물에 깨끗이 씻어 사용한다(농약 및 오염제거).
- 식품에 관한 각종 정보를 수집하고 식품 판별법을 숙지하여 식재료 검수 시 활용한다.
- 위생적으로 의심 가는 식재료일 경우에는 연구기관 또는 소비자 단체를 이용하여 적극적으로 대처한다.

(2) 식품위생의 정의

식품위생의 정의를 살펴보면 우리나라의 식품위생법 제1장 제1조에 식품위생의 목적을 '식품으로 인한 위생상의 위해를 방지하고 식품영양의 질적 향상

을 도모함으로써 국민보건 증진에 이바지하는 것'이라고 기술되어 있다. 또한 식품위생의 대상 범위도 식품, 식품첨가물, 기구 또는 용기, 포장을 대상으로 하는 음식에 관한 것을 모두 포함하고 있으며, 식품은 '의약으로서 섭취하는 것을 제외한 모든 음식물을 말한다.'고 정의하고 있다.

세계보건기구(WHO)에서의 식품위생 정의는 식품에 의해서 발생되는 건강상의 위해를 방지하는 것이라 하였으며, 1955년에는 식품의 생육, 생산 또는 제조에서부터 섭취할 때까지의 모든 단계에서 식품의 안정성, 건전성 및 완전 무결성을 확보하기 위한 수단이라고 하였다('Food Hygiene' means all measures necessary for ensuring the safety, wholesomeness, and soundness of food at all stages from its growth, production or manufacture untill its final consumption).

(3) 미생물의 개념

미생물이란 개체가 매우 작아서 육안으로는 볼 수 없고 현미경으로만 식별할 수 있는 생물군을 말하는데, 식품계에 속하는 균류와 동물계에 속하는 원생동물이 있다. 사람에게 병을 일으키는 병원 미생물과 병을 일으키지 않는 비병원 미생물로 구분하기도 한다. 비병원 미생물에는 식품의 부패나 변질의 원인이 되는 유해한 것과 발효·양조 등에 유익하게 이용하는 것이 있다. 즉 식품과 관련있는 미생물 중에는 식품의 부패에 관여하는 것, 식품의 발효에 관여하는 것, 식품과 함께 체내에 들어와 질병을 일으키는 것, 식품을 오염시켜 중독을 일으키는 것 등 여러 가지가 있고, 주로 토양, 물, 하수, 동물, 식물, 대기 속에 존재한다.

(4) 미생물에 의한 식품의 변질

미생물은 식품을 변질시키는 원인이며, 이는 세 가지의 형태로 분류할 수 있다.

첫째, 식품 중에 미생물(곰팡이, 효모, 유산균)이 증식하면서 생성되는 각종 요소에 의하여 식품의 성분이 대사 분해되어 식품 본래의 향미, 색깔, 유독 물질 등을 생성하나 대부분 부패 세균에 의한 변질이다.

둘째, 식품 표면에 미생물의 번식으로 외관이 손상되는 경우가 있다. 이런 미생물의 식품분해는 현저하지 않지만 상품적 가치를 떨어뜨리는 변질이다.

셋째, 식중독의 원인이 되는 미생물이 식품에 부착되어 증식하는 경우 식품 성분의 분해 정도는 약하고 외관도 손상되는 일이 적기 때문에 가장 위험한 형태의 변질이다. 식품위생적인 면에서 경구전염병의 병원균에 의한 식품 오염과 더불어 예방에 세심한 주의가 필요한 형태이다.

(5) 미생물의 분류

1) 세균

구균, 간균, 나선균의 세 가지 형태가 있고, 협막, 아포, 편모 등을 가지며, 2분법으로 증식한다. 세균성 식중독, 경구전염병의 병원체와 식품의 부패 등에 작용하는 부패 세균이 이에 속한다.

2) 효모

형태는 구형, 타원형, 난형 등이 있으며, 운동을 하지 못하고 주로 출하법으로 번식한다. 식품의 발효나 빵 제조 등에 이용되며, 사람에게 병을 일으키는 경우는 드물다.

3) 곰팡이

하등균류의 하나로 동식물에 기생하며, 포자로 번식한다. 진균류 중에 균사체를 발육기관으로 하는 것을 사상균이라고 하는데, 무성포자나 영양소의 분열에 의해 증식하는 불완전균이 포함된다. 누룩, 메주 등은 곰팡이를 이용하는 이로운 것이지만, 식품을 변질시키거나 독소를 만들어 인체에 해를 끼치는 것도 있다.

4) 리케차

리케차(Rickettsia)는 세균과 바이러스의 중간에 속하는 것으로 원형, 타원형 등의 형태를 가진다. 운동성이 없고 살아있는 세포 속에서만 2분법으로 증식하며 전염병의 원인이 되는 것도 있다.

5) 바이러스

바이러스(Virus)는 형태, 크기 등이 일정하지 않고 순수 배양이 되지 않으며, 살아있는 세포에서만 증식한다. 미생물 중 크기가 가장 작으며, 경구전염병의 원인이 되는 것도 있다.

6) 조류

엽록체를 가지는 간단한 식물로서 대부분 물속이나 습한 곳에 번식한다. 단세포인 것과 다세포인 것이 있으며, 질병을 일으키는 경우는 거의 없고 주로 유용하게 쓰인다.

7) 원생동물

단일 세포인 최하등 미세 동물로, 종류가 많고 여기저기 모든 곳에 분포해 있으며, 동물에 기생하기도 한다.

(6) 미생물과 환경

미생물은 수분, 영양소, 온도, 산소, pH 등이 적당한 환경에서 증식하고, 적합하지 않은 환경에서는 증식하지 않는다.

1) 수분

미생물이 생명체로서 생활 작용의 기초가 되는 것은 수분이며, 수분이 없으면 생활 기능을 상실한다. 식품에 세균과 효모가 생육하기 위해서는 수분 함량이 40% 이상이 되어야 하며, 곰팡이의 경우는 대개 15% 정도면 생육이 가능하다.

2) 영양소

미생물의 생명 유지와 성장을 위해서는 에너지가 필요하며, 세포 구성성분에 필요한 물질을 생성하기 위해선 영양소를 얻어야 증식할 수 있다. 미생물이 필요로 하는 영양소에는 탄소원, 질소원, 무기염류, 발육소 등이 있다.

탄소원은 에너지원과 세포 구성성분의 형성을 위한 단당류와 과당, 맥아당,

유당을 포함한 이당류가 사용된다. 질소원은 에너지원으로 사용되며 단백질과 DNA, RNA 물질을 형성한다. 무기염류는 세포의 구성성분, 삼투압 조절과 유지, 각종 대사과정의 조효소로 작용한다. 발육소는 미량이지만 없으면 발육이 불가능하거나 발육이 되지 않는 인자로 비타민류가 이에 속한다.

3) 온도

미생물들은 짧은 시간동안 빠르게 성장하기 때문에 증식 가능 한계 온도와 관리는 식중독 예방에 매우 중요하다.

증식 가능 한계 온도는 최저온도·최적온도·최고온도로 나누어지며, 세균의 종류에 따라 각각 다르다. 일반적으로 세균은 0℃ 이하와 80℃ 이상에서는 발육하지 못 하며, 대체로 고온보다는 저온에서 저항력이 크다. 미생물은 온도 조건에 따라서 다음과 같이 세 그룹으로 나눈다.

- 저온균: 저온 보존식품의 부패를 일으키는 세균으로 최적온도는 15~20℃이고, 증식 가능 온도는 0~25℃이다.
- 중온균: 병원균을 포함한 대부분의 세균이 이에 속하며, 최적온도는 25~37℃이고, 증식 가능 온도는 15~55℃이다.
- 고온균: 온천수에 살고 있는 세균이 이에 속하며, 최적온도는 50~60℃이고, 증식 가능 온도는 40~75℃이다.

4) 산소

미생물의 종류에 따라서 생화학 작용을 할 때에 산소를 필요로 하는 호기성 미생물, 산소를 필요로 하지 않는 혐기성 미생물, 호기적이지만 유리산소가 없어도 발육할 수 있는 통성 혐기성 미생물, 산소 유무에 절대적으로 좌우되는 편성 호기성 미생물 또는 편성 혐기성 미생물로 나뉜다. 세균에는 호기적인 것과 혐기적인 것이 있는데, 효모는 상황에 따라서 호기적이나 혐기적으로 생활하고, 곰팡이는 호기적으로 생육한다. 식품이 표면에서 부패하기 시작하는 것은 호기성 세균이 산소가 풍부한 표면에 작용하기 때문이다. 혐기성균은 식품의 내부에서 부패를 일으킨다. 특히 통조림의 경우, 살균 부족일 때 혐기성 식중독균이 번식하는 일이 있으므로 주의해야 한다.

5) pH

pH는 산성, 알칼리성, 중성을 측정하는 수단으로 용액에 존재하는 수소이온농도를 말한다. pH는 보통 1~14까지를 나타내며, pH 7.0은 중성, pH 7.0 이하는 산성, pH 7.0 이상은 알칼리성으로 나타낸다.

세균은 일반적으로 중성 혹은 알칼리성에서, 효모나 곰팡이는 산성에서 잘 번식한다. 또 pH가 적당하지 않으면 아포를 형성하는 균이 있는데, 아포는 열이나 약품에 대해 저항력이 매우 강해서 100℃로 끓여도 파괴되지 않는다.

(7) 식중독

1) 세균성 식중독

① 살모넬라 식중독

• 경로 및 특징

살모넬라에 의한 식중독은 주로 쥐, 파리, 바퀴벌레 등에 의하여 식품에 오염된다. 때로는 사람이 균을 보유하여 식품을 오염시킬 수도 있고, 균이 닭고기나 달걀 등에 처음부터 존재하는 경우(즉, 닭이 살모넬라균에 감염된 경우)도 있으며, 병에 걸린 동물의 분변에 의해 오염될 수도 있다. 이와 같이 오염된 식품을 단번에 많이 섭취하면 식중독에 걸리게 된다.

• 잠복기 및 증상

잠복기는 평균 18시간이며, 증상은 심한 위장 증상을 동반하는 발열, 전율, 구토, 두통, 복통, 설사가 주된 증상이다.

• 원인 식품

어패류, 육류 및 가공품, 채소 샐러드, 우유 및 유제품, 조육 및 달걀 등이다.

• 예방대책

쥐나 곤충 및 조류에 의해 오염될 수 있는 경로를 차단하고, 작업장에 고양이나 다른 동물의 출입을 금지한다. 살모넬라균은 열에 약해서 60℃에서 30분간 가열하면 사멸되므로 식품을 가열한 후 섭취하면 안전하다.

② 장염 비브리오 식중독

• 경로 및 특징

장염 비브리오는 바닷물 등에 사는 균으로 근해에서 잡히는 어패류에 보균되어 있는 경우가 많다. 병원성 호염균이라고도 하는데, 3% 정도의 염분에서 잘 생육하며 염분이 없는 환경이나 5~6℃ 정도의 낮은 온도에서는 생육하지 않는다. 신선한 어패류에도 오염될 가능성이 많으므로 어패류를 날로 먹는 것은 위험하며, 특히 여름철에 조심해야 한다.

• 잠복기 및 증상

보통 13~18시간이며, 빠를 경우에는 5~8시간에도 증상이 나타난다. 위장의 통증과 설사를 동반하는 구토, 메스꺼움, 발열 등이 주된 증상이며 2~3일이면 회복된다.

• 원인 식품

연안 해역 내의 어패류를 날로 먹을 때 발생하기 쉽고, 해산물에 의해 다른 식품이 2차 오염될 수 있다.

• 예방대책

저온(5℃ 이하)에서 보관하도록 하고, 기온이 높고 습기가 많을 때에는 연안의 어패류를 날로 먹지 않는다. 조리할 때는 깨끗하게 씻고 어패류에 닿는 칼, 도마, 식기, 용기 등의 소독을 철저하게 하여서 2차 오염을 예방한다.

③ 병원성 대장균 식중독

• 경로 및 특징

대장균은 사람이나 동물의 장관 내에 기생하는 균으로 물이나 흙 속에 존재한다. 대장균에는 여러 가지 종류가 있는데, 그중 병원성 대장균은 식품과 함께 섭취되어 체내에서 장염을 일으킨다.

• 잠복기 및 증상

잠복기는 보통 10~24시간이며, 설사, 복통, 두통, 발열 등이 주된 증상이고 3~5일이면 회복된다.

• 원인 식품

우유, 채소, 샐러드, 가정에서 만든 마요네즈 등이다.

• 예방대책

동물의 배설물이 오염원이므로 분변 오염이 되지 않도록 주의한다.

④ 웰치균 식중독

• 경로 및 특징

분변에 의한 오염이 주된 경로이고, 편성 혐기성 세균으로 아포를 형성해 열에 강하기 때문에 조리 중에도 잘 죽지 않는다.

• 잠복기 및 증상

잠복기는 보통 3~20시간이며, 심한 설사와 복통 및 복부의 팽만감이 주된 증상이다. 설사로 인한 탈수 증상이 나타나기도 한다.

• 원인 식품

육류를 사용한 조리 식품으로, 특히 조리 후에 저온으로 저장했다가 다시 가열한 것은 좋지 않다.

• 예방대책

분변에 의한 오염을 막고 저장에 주의한다. 즉 조리 후 식품을 급히 냉장시킨 다음, 저온에서 보존하거나 60℃ 이상으로 보존한다.

⑤ 포도상구균 식중독

• 경로 및 특징

독소형 식중독으로 포도상구균은 자연계에 널리 분포되어 있으며, 특히 사람의 화농소, 콧속, 피부 등에 존재한다. 황색 포도상구균은 식품에서 증식하여 엔테로톡신이라는 독소를 생산하는데, 이러한 식품을 섭취하면 독소가 체내에 흡수되어 중독을 일으킨다. 포도상구균은 열에 약하지만 엔테로톡신은 열에 강하여 100℃에서 30분간 가열해도 파괴되지 않는다. 따라서 균이 증식하여 독소가 생성된 후에는 가열해도 균만 죽을 뿐 독소는 그대로 남는다.

• 잠복기 및 증상

30분~6시간으로 평균 3시간 잠복한다. 구토, 메스꺼움, 설사, 복통 증상이 있고 침의 분비가 많아지며, 혈압이 떨어진다. 1~3일이면 회복되며 사망하는 일은 거의 없다.

• 원인 식품

단백질이 풍부한 어육, 두부제품, 육가공품과 우유, 크림, 버터, 치즈 등 유제품과 이를 기본재료로 사용한 과자류가 포함된다.

• 예방대책

화농소나 머리카락, 피부 등에 의한 오염을 막기 위해 마스크나 모자를 착용하고 식품취급을 위생적으로 한다. 특히 화농성 질환이 있는 사람은 식품의 조리가공에 종사해서는 안 된다. 식품을 보존할 때에는 가열한 후 즉시 저온에서 보존함으로써 균의 증식을 막고 엔테로톡신의 생성을 막아야 한다.

⑥ 보툴리누스 식중독

• 경로 및 특징

보툴리누스균은 흙 속에 살고 있는 혐기성 호흡을 하는 균으로 환경조건이 나쁘면 저항력이 강한 아포를 형성하여 활동을 중지하다가, 조건이 좋아지면 증식하여 뉴로톡신이라는 독소를 생성한다. 아포는 열에 강하여 120℃에서 20분 이상 가열해야만 죽일 수 있다. 독소는 열에 약하여 80℃에서 30분 정도 가열하면 파괴된다.

• 잠복기 및 증상

잠복기는 18~36시간으로 다른 균보다 길다. 시각 이상, 청각마비, 언어장애, 호흡곤란 등 특이한 증상이 나타나며, 발생하면 수일 이내에 사망한다.

발열이나 위장 증상은 없지만 치사율이 높아 외국의 경우 사망률이 40% 정도에 달한다.

• 원인 식품

소시지, 순대 등 수육류나 어류 가공품의 통조림이다. 특히 통조림 제조과정 중에 살균이 되지 않아 보툴리누스균이 남아 있으며 균의 증식이 쉽다.

• 예방대책

개봉한 통조림은 가능한 한 모두 소비하여 남기지 않는 것이 좋으며, 통조림 사용 후 남은 음식은 반드시 유리용기나 위생용기에 보관 후 사용한다.

2) 자연 독에 의한 식중독

① 복어

복어의 난소, 간 등에 존재하는 테트로톡신이라는 유독 성분은 치사율이 높고 열에 강해서 끓이는 것은 예방효과가 없다. 복어의 취급은 전문가에게 맡겨야 한다.

② 유독 어패류

검은 조개에는 미틸로톡신, 삭시톡신의 독소가 들어 있을 수 있고, 모시조

개에는 베네루핀이라는 독소가 함유되어 있어서 마비, 위장장애 증상이 나타나기도 한다. 고동, 게, 오징어 등에서도 유독 성분에 의한 설사, 복통 등의 증상이 나타날 수 있다.

③ 독버섯

독버섯과 식용버섯의 구분은 힘들지만 대체로 세로로 찢어지지 않는 것, 고약한 냄새가 나는 것, 색깔이 짙은 것, 줄기 부분이 거친 것, 쓴맛이 있는 것, 은수저로 문질렀을 때 검게 보이는 것은 유독하다고 판단하여 섭취하지 않도록 한다. 독버섯은 무스카린, 무스카리딘, 콜린 등의 유독 성분을 함유하고 있어 복용 시 구토, 설사, 복통, 의식상실, 경련, 근육 강직 등의 증상이 나타난다.

④ 감자 중독

감자의 싹이 나는 부분이나 푸른색이 있는 부분에는 솔라닌이라는 독소가 많이 들어 있다. 솔라닌에 중독된 후 2~12시간 지나면 구토, 복통, 설사, 두통, 발열 및 팔, 다리의 저린 증상이 나타난다.

최근에는 자외선 처리로 솔라닌 독소가 함유된 푸른색을 볼 수가 없다.

⑤ 유독곰팡이

곰팡이 중에는 쌀에 기생·번식하여 시트리닌, 이스란디톡신 등의 독소를 생성하는 것이 있는데, 이것을 섭취하면 마비, 간 경련, 신장장애의 증상이 나타난다.

밀, 보리, 호밀 등에 맥각균이 기생하여 구토, 설사, 복통, 경련 등을 일으키는 맥각중독이 있으며, 그 외에 아플라톡신과 같은 유독 물질을 생성하는 곰팡이류도 있다.

⑥ 알레르기성 식중독

꽁치나 고등어 등 붉은 색을 띠는 어류의 가공품을 섭취했을 경우, 1시간쯤 후에 몸에 두드러기가 나고 얼굴이 화끈거리며, 열이 날 수 있다. 이것은 히스타민이라는 물질이 축적되어 일어나는 현상으로, 늦어도 일주일 정도면 회복되며, 항히스타민제를 투여하면 더 빨리 회복된다. 알레르기성 식중독은 부패되지 않은 식품을 섭취했을 경우에 체질에 따라 일어나는 것이므로 각자 스스로가 조심해야 한다.

3) 첨가 혼입 독에 의한 식중독

① 첨가물 중독

식품 첨가물은 식품의 제조, 가공, 보존을 위해 사용하는 것으로 성분, 규격 및 사용기준에 맞게 지정된 품목에만 사용해야 한다.

- 유해 착색료: 아우라민(Auramine), 로다민-B(Rhodomine-B), 메틸렌 블루(Methyene Blue), 피크린 산(Picrin Acid)
- 유해 감미료: 페릴라틴(Perillartin), 에칠렌 글리콜(Ethylene glycol), 둘신(Dulcin)
- 유해 방부제: 붕산, 포르말린, 클로라민류
- 유해 표백제: 롱가리드, 형광염료

② 기구, 용기, 포장에 의한 중독

식품용 기구, 용기, 포장 등에 있는 유해물질이 식품 속으로 들어가거나 용기의 재료 성분과 식품이 서로 작용하여 생긴 유해물질이 식품을 오염시키는 경우가 있다. 특히 구리, 아연, 납, 비소, 안티몬 등의 금속류와 포름알데히드, 석탄산 등의 화합물은 식품과 작용하여 유해물질을 생성시키므로 지정 규격에 맞는 것을 사용해야 한다.

③ 부주의로 인한 중독

살충제, 쥐약, 농약 등 독성이 강한 물질을 실수로 식품에 넣는 경우와 농산물 증산을 위해 사용한 농약이 과일, 채소 등에 묻어 중독이 일어나는 경우가 있다.

④ 공해로 인한 중독

공장 폐수에 포함되어 있는 유독 물질이 식품을 오염시켜서 중독을 일으키는 경우가 있다. 즉 유기 수은에 의해 오염된 어패류를 섭취함으로써 신경장애를 일으키는 경우가 있고 카드뮴에 의해서 이타이이타이병이 생기기도 한다.

4) 식중독의 조치와 예방

일단 식중독이 발생하면 환자 구호에 최선을 다하고 빨리 원인을 찾아 사고의 확대를 막아야 한다. 환자가 발생했을 경우 빠른 시간 내에 병원으로 옮겨 의사의 진찰을 받게 한다.

식중독 예방을 위해서 유독 동·식물의 감별에 주의하여야 하고, 특히 자연독을 함유한 동·식물의 조리 시에는 유독 부분 제거에 주의한다.

첨가 혼입 독에 의한 식중독의 경우, 식품 첨가물과 기구, 용기, 포장 등은 규격과 기준에 맞는 지정된 품목을 사용해야 하며, 조리장 등 식품 취급 장소에는 살충제나 농약 등 유독 화학물질을 두지 말아야 한다.

또 채소, 과일 등을 먹을 때에는 깨끗이 씻어서 농약을 제거하도록 한다. 특히 기계의 윤활유 등이 식품에 들어가지 않도록 주의해야 한다.

(8) 식중독 예방을 위한 주방의 위생관리 요소

1) 교차오염 방지

교차오염(Cross contamination)이란 음식이 생산되는 과정에서 미생물에 오염된 식품으로 인해 다른 식품에 오염되는 것을 말한다. 외식업체에서 교차오염은 식재료에 부착된 세균이 조리종사원의 손이나 조리도구의 사용을 통하여 가열된 음식이나 조리된 음식에 옮겨지며 발생한다.

음식물이 준비되는 과정에서 교호적 오염의 위험성이 가장 높다. 모든 식재료는 분류된 작업장과 준비대에서 다루어져야만 한다. 기구와 준비대는 항상 청결해야 하며, 사용하는 사이마다 철저히 소독해야 한다. 예를 들어 주방의 도마 위에서 고기를 썰기 전에 도마의 표면뿐 아니라 손, 칼도 세척하고 소독하는 것이 중요하다.

싱크대에서 채소와 어·육류를 세척할 때는 채소류 → 육류 → 어류 → 가금류 순으로 처리하며, 싱크대 사용 전 또는 식재료가 바뀔 때마다 세척·소독하여 사용한다.

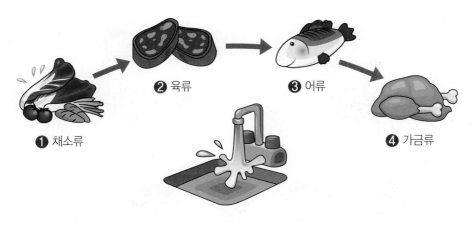

② 육류   **③** 어류

① 채소류   **④** 가금류

[그림 2-6] 식재료 세척 순서

  행주는 두 배 더 강한 방법으로 소독하고, 사용을 용이하게 하도록 각 작업장 근처에 놓는다. 모든 식재료는 날 것과 요리된 품목을 구분·주의하여 보관해야 한다. 점액과 얼룩을 방지하기 위해서 날 음식 아래에 팬을 둔다. 기름때와 얼룩이 식재료에 묻지 않도록 기름이 묻은 팬은 따로 보관한다. 또한 도마를 색깔로 분류해 육류, 생선, 채소 도마 등을 각각 사용하여 교차오염을 예방한다.

  교차오염을 줄이고, 질병이 전염되는 것을 막기 위해서 되도록 손을 자주 씻고, 제대로 씻어야 한다. 식재료의 전처리는 바닥으로부터 60cm 이상에서 실시하고, 칼·도마 등 식기구·용기, 고무장갑과 앞치마는 **[그림 2-7]**과 같이 구분하여 사용한다.

어류용　　완제품용　　채소용　　육류용　　나무칼·도마
사용금지

조리용　　세정용　　어류용　　완제품 취급용　　조리용　　청소용/세정용　　홀서빙용
(노랑)　　(분홍)　　(빨강)　　(위생장갑)　　(흰색)　　(분홍)　　(연두)

[그림 2-7] 도마, 칼, 고무장갑 및 앞치마의 구분 사용

2) 안전지대에 음식물 보관

미생물 증식으로 인한 식중독 방지의 가장 좋은 방법은 시간과 온도 관리를 엄수하는 것이다. 일반적으로 식중독 박테리아가 사람을 아프게 하기 위해서는 스스로 음식 재료 속에 들어가 오염된 환경에서 얼마나 오래 방치하느냐에 따라 증식되거나 파괴된다. 모든 온도의 범위 내에서 살 수 있는 병원균들의 대부분이 식품 질병을 야기할 수 있다. 박테리아가 증식하기에 가장 친숙한 환경은 5~60℃(41~140℉) 범위의 온도다. 일반적으로 60℃(140℉) 이상의 온도와 5℃(40℉) 이하의 온도 저장 시 파괴되고, 성장과 재생산의 주기가 늦춰지거나 다른 것들에 의해 방해받는다. 조건이 유리하면 박테리아는 놀라운 비율

로 자라고 증식한다. 따라서 음식이 위험지역에 방치되는 시간을 통제하는 것이 식품 질병을 예방하는 데에 대한 가장 좋은 방법이다. 4시간 이상 위험 지역에 방치된 음식물은 오염됨을 명심해야 한다. 게다가 어떤 음식물이 4시간 동안 위험 지역에 방치되었다 하더라도 연속적으로 오염되는 것이 아니라, 음식물이 위험 지역으로 들어갈 때마다 오염이 축적되는 것임을 알아야 한다. 따라서 일단 4시간이 초과되면 그 음식물은 가열이나 냉장 등 다른 어떠한 방법으로도 되돌릴 수 없다.

3) 위생적인 입고와 저장

식중독 사고를 예방하기 위해서는 모든 식재료가 위생적인 환경에서 수송되는지를 확인해야 한다. 항상 수송차량의 상태를 확인하는 습관을 가지고 차량의 오염정도와 해충의 존재여부 등 비위생적인 환경을 살펴야 한다. 육류나 생선 등 신선식품을 수송하는 차량의 경우, 냉장 시설은 갖추어졌는지, 온도는 적정온도에서 저장되어 수송하는지를 꼼꼼히 확인해야 한다. 또한 유통기한, 품질보증서, 포장지 훼손여부, 물품의 파손여부 등 기준에 적합하지 않는 물품은 반송 조치한다. 이 과정이 완벽하면 물품을 수령하여 적절한 보관 장소에 저장한다. 선입선출 체계를 실시하고 모든 식재료의 저장위치에 명패를 만들어 입고날짜, 유효기간 등을 적어두면 관리가 편리하다.

4) 완성된 요리의 위생적 보관

뜨거운 음식은 뜨겁게, 차가운 음식은 차갑게 보관한다. 60℃(140℉) 이상의 온도를 유지하기 위해서 보온장비 등을 이용한다. 음식물을 위험지역에서 보호하기 위해서는 가급적 가열이나 재가열하기 위한 장비를 사용하지 않고 바로 제공하는 것이 좋다. 차가운 음식을 5℃(41℉) 이하의 온도에서 유지하기 위해서는 보냉장비를 사용한다. 냉동고를 이용하면 음식물이 냉동고에 바로 닿지 않도록 용기에 담아서 보관하도록 한다.

개별 덮개로 덮어서 보관

덮개 없이 겹쳐서 보관

60℃ 이상으로 뜨겁게 보관

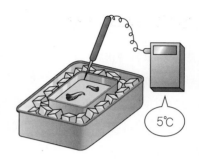
5℃ 이하로 차갑게 보관

[그림 2-8] 조리식품의 위생적인 보관

5) 음식물의 위생적 냉각

식품 질병의 원인 중 하나는 부주의한 음식물 냉각이다. 저장되어 있던 재료가 조리되면 가능한 신속하게 5℃(41℉) 이하의 온도로 4시간 이내에 냉각시켜야 한다. 첫 번째 단계에서 음식물을 2시간 이내에 21℃(70℉) 이하로 냉각해야 한다. 두 번째 단계에서 음식물의 온도는 2시간 이내에 5℃(41℉) 이하의 온도로 떨어져서, 총 4시간의 냉각시간이 걸린다. 예를 들면 싱크대에서 차가운 물로 뜨거운 액체를 냉각시키는 알맞은 방법은 끓인 육수나 소스를 금속 용기에 담아서 용기 안의 액체와 같은 높이에 도달한 얼음물 안에 용기를 놓고 자주 저어서 중앙까지 완전히 냉각해야만 오염을 막을 수 있다.

6) 위생적인 재가열

먼저 준비된 음식물을 재가열할 때, 되도록 빠르게 위험 지역을 통과하도록 최소한 15초 동안, 적어도 74℃(165℉)의 온도로 재가열해야 한다. 음식물이 적절히 냉각되고, 재가열된다고 해도 모든 음식물은 한 번 이상 냉각되고, 재가열한 것이다. 음식물을 다루는 사람들은 잠재적 위험성을 띠는 음식물을 재가열하기 위해서 직접적인 열을 가하거나 다른 열원을 사용하여 적절한 방법과 장비를 이용하도록 한다. 스팀 테이블은 재가열된 음식을 60℃(140℉) 이상의 온도로 적절히 유지하도록 하지만, 위험지역을 빠르게 통과하지는 못한다. 온도계를 상시 휴대하여 항상 온도를 확인한다. 사용한 온도계는 주의하여 세척하고 소독한다. 올바르지 않게 재가열된 음식물은 식품 질병을 일으키는 요인이 된다.

7) 위생적인 해동

해동한 음식물은 최적의 질과 향으로 재냉각될 수 있도록 해동하고, 가능한 한 신속하게 해동하여 미생물 증식으로 오염되지 않도록 한다. 일반적인 해동 방법은 냉장 상태에서 약 24시간 정도 해동하는 방법으로, 음식물을 냉장 상태에서 천천히 숙성시키며 해동하는 최상의 해동 방법이다. 냉장고에서 음식물을 해동할 시간이 없다면 포장된 음식물을 용기에 담아서 약 21℃(70℉) 이하의 흐르는 물에서 해동시킨다. 해동 전·후에 싱크대를 씻고 소독해야 한다. 특히 생선을 해동할 때 다른 음식물 해동에 쓰인 물이 튀어 다른 식품이나 작업대를 오염시키면 안 된다. 해동에 사용한 용기나 기구들은 즉시 세척·소독한다.

급하게 조리할 음식물은 전자레인지를 사용하여 해동시키는 것도 좋은 방법이다. 해동한 음식은 랩으로 싸서, 저장된 다른 품목들과 오염되지 않도록 아래 선반의 얇은 용기에 보관한다. 특히 해동할 때 주의할 점은 미생물을 유인하는 실온에서 음식물을 해동시켜서는 안 된다는 점이다. 또한 해동 즉시 조리에 사용하는 것이 최상의 방법이다.

해동은 5℃ 이하의 냉장고에서 해동하는 방법, 흐르는 물에서 해동하는 방법, 전자레인지에서 해동하는 방법이 있고, 반드시 한번 해동한 식품은 재냉동을 하지 않는다.

냉장 해동

흐르는 물에서 해동

해동 생략(만두 등 냉동가공식품)

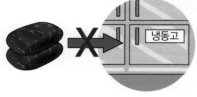

해동 후 재냉동 불가

[그림 2-9] 음식물 해동 방법

4 세척과 소독

세척은 조리 기구나 용기표면에 세제를 이용하여 문질러 닦은 후, 오염이나 남은 음식물 찌꺼기 등 불순물을 제거하는 것을 말한다. 소독은 조리기기, 용기 및 음식이 접촉하는 표면에 질병을 일으킬 수 있는 병원균이나 미생물을 위생적으로 안전한 수준으로 열이나 화학약품을 사용하여 사멸시키는 것을 포함한다. 장비, 칼, 도마와 같은 도구들을 소독할 때는 음식을 준비할 때마다 두 배 더 강한 방법으로 소독하고 건조시킨다. 소도구, 기구, 냄비, 식기류 등은 세척 구역의 싱크대에서 세척기를 이용하거나 수동으로 세척해야 한다. 행주, 도마 등은 소독 후 일광소독을 실시하면 아주 위생적이다.

요오드, 염소, 암모니아 등은 일반적으로 알려져 있는 소독 성분이다. 다양한 종류의 세척기는 매우 뜨거운 물이나 화학 약품을 사용하는 소독방법으로 소독한다. 철, 칼슘, 마그네슘을 많이 함유한 뜨거운 물은 세정제와 소독제의 효과를 억제시킬 수 있으며, 기계의 움직임을 방해할 수 있는 침전물을 발생시킬 수 있다. 연수는 이러한 문제점을 방지한다. 소독한 장비와 식기류, 종이나 행주는 교호적 오염을 발생시킬 수 있으므로 철저히 공기 건조시킨다. 용도에 알맞은 세제와 소독약 사용방법을 숙지하여 위생적인 주방환경을 조성하고 오염을 방지한다.

(1) 세척

세척이란 기구 및 용기의 표면을 세제를 사용하여 문질러 닦은 후 먼지, 기름기, 음식찌꺼기 또는 기타의 불순물을 제거하기 위한 작업으로, 세척이 완전하게 이루어져야 소독의 효과가 커진다. 따라서 외식업소에서는 세척수의 온도, 세척제의 선택, 세척제의 교환 시기, 세척제의 농도 확인 및 수세미의 용도별 분리사용 등에 관한 세부지침을 만들어 실천해야 한다. 세척제는 합성세제, 용해성세제, 산성세제, 연마세제 등 네 가지로 분류되며, 개별적으로 사용하거나 혼합하여 사용하기도 한다[표 2-1].

[표 2-1] 세제의 분류

세제의 분류	특징
합성세제	• 청소작업 및 식품접촉 표면 세척에 사용 • 계면활성제를 포함하고 있어 오염물질을 분산시켜 세척을 도움
용해성세제	• 가스레인지, 싱크대의 묵은 기름때 제거에 사용하고, 식품과의 직접 접촉을 피함
산성세제	• 알칼리성 세제로 제거할 수 없는 무기질 찌꺼기 및 기타 오물에 사용하며, 식기세척기의 강한 알칼리 성분을 함유한 세제찌꺼기 제거 시 사용 • 녹 얼룩이나 구리 및 놋쇠의 변색에 사용 • 기구나 설비를 부식시킬 수 있으므로 산성 내구성을 확인한 후 사용
연마세제	• 바닥, 천장의 찌든 오염물질 제거 시 사용 • 식품접촉 표면이나 플라스틱 제품에는 사용하지 않음

또한 2003년부터 공중위생관리법에 의한 세척제의 규격 및 기준을 정하여 시행하고 있다. 주의할 점은 1종은 2, 3종을 세척할 수 있지만, 2종은 1종(채소, 과일)을 세척하지 못 하며, 3종은 1종(채소, 과일), 2종(식기류)을 세척용으로

사용할 수 없다. 그리고 모든 세척제는 사용 목적 이외의 용도로 사용해서는 안 된다.

　외식업소에서 사용할 세제 선택 시, 사용방법 및 용도에 관하여 세척제의 사용지침을 읽고 목적에 맞는 세척제를 구입해야 한다.

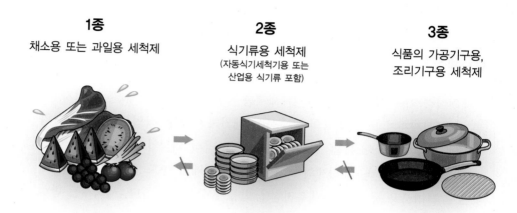

1종
채소용 또는 과일용 세척제

2종
식기류용 세척제
(자동식기세척기용 또는
산업용 식기류 포함)

3종
식품의 가공기구용,
조리기구용 세척제

1종은 2종 및 3종(또는 2종→3종)으로 사용 가능하나, 3종은 2종(또는 2종→1종)으로는 사용 불가

[그림 2-10] 세척제의 공중위생관리법에 따른 규격 및 기준

1) 세제의 종류

① 디스탄(Distan)

　계면활성제이다. 사용방법은 기물에 묻은 오물을 중성세제나 물을 사용하여 깨끗이 세척한 후, 규정에 따라 희석한 디스탄액을 용기에 담고 은도금된 기물을 디스탄액에 약 3초 정도 담갔다가 꺼낸 후 더운물로 충분히 헹군다.

② 린즈(Linze)

　계면활성제로 식기세척에 사용되며, 재빨리 건조시키는 작용을 한다. 식기세척기에 부착되어 있는 린즈 드라이 디스펜서에 넣어주고 저장통에 연결시켜 주면 항상 일정한 물량이 식기세척기에 자동으로 투입된다.

③ 산이솔(Sanisol)

　강력한 세척·살균·악취제거 능력을 가진 세제로 계면활성제이며, 안전성이 높은 염소가 다량 함유되어 있는 약 알칼리성 세제이다. 살균력이 강하기 때문에 식기세척기에 사용하며, 위생적으로 세척된다.

④ 오븐 클리너(Oven cleaner)

계면활성제로 강한 알칼리성 세제이다. 강력한 세척력을 가지고 있어서 기름때와 묵은 때를 쉽게 세척할 수 있다. 피부나 눈에 닿지 않게 주의해야 하며, 부식성이 많아서 깨끗이 행구지 않으면 스테인리스 제품도 변색된다.

| 디스탄 | 린즈 | 산이솔 | 오븐 클리너 |

[그림 2-11] 세제의 종류

⑤ 론자(Lonza)

계면활성제이며 수질의 부패 방지 및 이끼제거제로 사용된다. 식기세척기의 경우, 약 10분 동안 가동시킨 후 론자를 투입하고 다시 10분 정도 가동하면 이끼나 물때가 완전히 제거된다.

⑥ 팬 클리너(Fan cleaner)

계면활성제이며 중성세제이다. 주로 주방에서 손으로 기물류나 식기류를 세척 할 때 혹은 배기후드에 있는 기름때나 벽, 타일 등을 세척할 때 사용한다.

⑦ 디프스테인(Dipstain)

알칼리성 세제이며, 세척 시 손으로 문지르거나 비비지 않고 간단히 씻어내는 세척제이다.

⑧ 액시드 클리너(Acid cleaner)

액시드 클리너는 특수세제와 액시딕 포스페이트의 혼합물로 오물 세척작용과 스케일 제거작용이 강한 세제이다. 청량음료, 접시세척 등에 많이 사용하며, 세척 후 깨끗한 물로 헹구어 잔류물이 남지 않게 해야 한다.

2) 기물별 세척방법

식기나 주방기물을 바르게 세척하지 않을 경우, 모든 음식에 광범위하게 오염을 유발시킬 수 있다. 또한 식기 세척과 소독에는 고열 및 화학약품이 사용되는데, 자동식기세척기를 사용하는 곳은 호텔 및 대형 외식업소이고, 소규모 외식업소에서는 대형 냄비 같은 조리도구를 활용하여 세척 및 소독을 한다. 자동식기세척기의 경우 화학약품을 사용하여 60~70℃의 물로 세척하고, 마지막 과정에서 82℃의 고열로 박테리아를 살균한다. 수동식 세척 및 살균은 세제를 사용하고, 보통 열탕으로 세척과 살균을 동시에 실행한다.

① 글라스 세척

글라스에 립스틱 자국이 있으면 솔을 이용하여 닦은 후, 글라스 랙에 담아야 하며, 헹굼 물이 충분히 뜨거워지면 닦아내야 한다.

② 식기

은식기를 위한 특별한 세척기는 대규모 주방에서 상용된다. 은식기를 닦는 기계는 매우 작은 금속 볼을 가진 물통에서 굴려짐으로써 닦여진다.

③ 타월의 이용

접시나 포크, 나이프 등을 닦아낸 후 물기를 닦아내기 위해 타월을 사용해야 하면, 타월의 면이 묻어나지 않는 면 타월을 이용해야 한다.

④ 스테인리스 스틸

세척할 때 제품의 2/3 정도까지 물을 붓고 중성세제와 식초를 혼합하여 끓인 다음, 깨끗이 닦아내면 요리과정에서 음식이 눌어붙거나 변색하는 것을 방지할 수 있고, 광택도 오랫동안 유지할 수 있다.

3) 세척의 3원칙

① Keep Orderly(항상 정리정돈된 상태): 산뜻한 청결의 실행과 보다 능률적인 활동을 하기 위해 또는 재료의 손실관리를 철저히 하기 위해 대단히 중요하다.

② Keep Dry(항상 물기 없는 상태): 조리사들이 생활하며 일하는 장소인 업장
은 물기가 없고, 밝은 환경과 청결감, 위생 면에서 깨끗해야만 잡균이나
곰팡이 등이 번식하지 않는다.

③ Keep Shiny(항상 빛나며 반짝반짝 닦여 있는 상태): 광택 소재를 세심히 닦아
서 빛내야 할 것은 빛이 나도록 닦고 청결감을 높여 주어야 한다.

(2) 소독

소독은 기구, 용기 및 음식이 접촉하는 표면에 존재하는 미생물을 위생적으
로 안전한 수준으로 감소시키기 위한 방법이다. 소독의 종류에는 자비 소독(열
탕소독), 자외선 소독 등의 물리적인 방법과 소독제 같은 약품을 이용하는 화
학 소독방법으로 나뉜다. 외식업소에서 사용하는 세척제와 소독제는 반드시
식품과 구분하여 안전한 장소에 보관하여야 하며, 사용하는 기구별 세척 및
소독방법을 정확하게 파악하고 사용해야 한다.

[그림 2-12] 여러가지 소독제

[표 2-2] 소독의 종류와 특징

소독의 종류	특징
자비 소독 (열탕소독)	• 특별한 기기의 사용 없이 간단히 할 수 있는 방법 • 식기, 조리기구 및 행주의 소독에 적합 • 열탕 소독은 100℃에서 5분 이상 가열 • 증기 소독기는 100~120℃에서 10분 이상 가열 • 재질에 따라 온도 및 시간이 달라짐 • 목재: 끓기 시작하여 15~20분 가열 • 금속재: 100℃에서 5분, 80℃에서 30분 이상 가열 • 사기토기: 80℃에서 1분 이상 가열 • 면류: 70℃에서 25분, 95℃에서 10분, 160~180℃에서 15~16초 이상 가열
건열 소독	• 식기 소독에 적합 • 식기표면 온도는 71℃ 이상
자외선 소독	• 살균력이 가장 강한 2,537Å의 자외선을 인공적으로 방출시키는 자외선 살균등을 이용하는 방법 • 가열살균하기 어려운 공기, 물, 도마 살균 등에 이용 • 세균, 효모, 곰팡이 등 모든 미생물 살균에 효과적임 • 살균한 물질에 변패가 적으며 사용방법이 매우 간편함 • 자외선은 조사한 부분만 살균되어 표면 살균에 한정됨 • 기구 등을 포개거나 엎어서 살균하지 말고 바로 닿도록 배치
화학 소독	• 칼, 도마, 작업대, 기기, 채소, 과일 등 소독에 이용 • 용도에 적합한 기구 등의 살균 소독제를 구입하여 용법, 용량에 맞게 사용

소독제는 식품용, 식품접촉 표면 및 비식품접촉 표면용으로 구분하여 적합한 용도의 제품을 선택하여야 하며, 사용하는 농도도 상표마다 다르므로 공급업자의 도움을 받아 결정하고 사용하도록 한다.

1) 살균소독

살균(Sterilization)은 세균 등 미생물의 영양세포를 사멸시키는 것이고, 소독(Disinfection)은 접촉하는 주방기물이나 음식의 표면에 존재하는 미생물을 사멸시키거나 약화시켜서 안전한 수준으로 감소시키는 것을 말한다. 즉, 깨끗한 표면에서 많은 수의 미생물을 안전한 수준까지 감소시키는 과정이라 정의할 수 있다.

살균소독의 종류는 크게 물리적 소독방법과 화학적 소독방법으로 나누어지며, 물리적 방법으로는 습열처리법, 건열처리법, 비가열처리법이 있다[표 2-3].

[표 2-3] 살균소독의 종류

종류	방법	소독법	특징	
물리적 소독	습열 처리 방법	저온살균법	60℃ 온도에서 30분 정도 가열한다.	
		열탕소독법	100℃ 온도에서 30분 정도 가열한다. 주방소도구, 행주, 작은 식기, 금속제품 등의 소독방법이다.	
		상압증기 소독법	상압하에서 100℃ 온도로 끓여 수증기로 병원균을 제거한다. 주방소도구, 용기, 작은 식기, 금속제품 등의 소독방법이다.	
		고압증기 멸균법	증기에 고압을 가하여 멸균하는 방법으로, 고압증기멸균기를 사용한다.	
		간헐멸균법	100℃ 이상 온도에서 사멸하는 미생물을 멸균하는 방법으로, 하루에 한번씩 간헐적으로 40분 정도 3회에 걸쳐 멸균한다.	
	건열 처리 방법	건열살균법	건열살균기를 사용하여 150℃ 정도에서 1시간 정도 살균하는 방법으로 유리기구, 분말 등을 살균한다.	
		화염살균법	기구나 물체 표면에 있는 미생물을 직접 태워 멸균하는 방법으로 금곳, 유리, 도자기 등에 적용된다.	
		소각법	가장 완벽한 소독방법으로 균에 오염된 물건이나 폐기물 처리에 효과적이다.	
	비가열 처리 방법	일광소독	햇빛을 이용하여 소독하는 방법으로 표면에만 효과적이며, 행주·도마 소독에 사용한다.	
		자외선살균	가장 살균력이 강한 2.537Å의 파장을 인공적으로 이용하여 칼, 도마, 기구 등의 살균에 이용한다.	
		방사선살균	코발트60(co-60)으로부터 발생하는 감마선을 조사하여 살균하는 방법으로 건조어육류, 건조채소류, 향신료, 2차 살균이 필요한 식품 등에 적용한다.	
		초음파살균	8,800Hz의 음파의 강력한 교반작용으로 세균을 파괴하여 살균한다.	
		여과법	가열에 의해 맛과 영양소의 변화, 품질의 변화가 초래할 수 있는 식품에 한해 미세한 필터를 사용하여 미생물을 제거한다.	

종류	소독법	특징
화학적 소독	차아염소산 나트륨	시중에 락스란 이름으로 판매되며 일반적으로 많이 사용하고 있다.
	역성비누	제4급 암모늄염의 유도체로 역성비누라 불리며 물에 잘 녹고 살균력이 강하다. 10% 원액을 20배~400배로 희석하여 5~10분간 침지 후 헹군다.
	표백분	표백분에 함유된 유리염소가 소독력을 나타내며, 보통 수영장 또는 우물소독에 사용된다.
	석탄산	3~5% 농도의 수용액으로 사용하며 냄새가 강해 오염된 벽이나 바닥, 기구 등을 소독한다.
	크레졸	냄새가 강하고 석탄산의 2배 정도 살균력이 강하다.
	포르말린·포름알데히드	단백질을 변성시키는 살균력을 지니며 포자 살균력도 강하다.
	생석회	물과 혼합하면 소석회[$Ca(OH)_2$]가 된다. 필요할 때 생석회 1kg에 물 500ml 비율로 만들어 사용한다.

주방에서 시행하고 있는 살균소독은 대부분 위생적으로 안전한 주방환경을 유지하고 관리하여 식중독 사고를 예방하는 데 목적이 있다. 주방의 악취 제거, 주방기물의 살균소독을 한 후, 식재료의 신선도 유지와 부패 방지, 음용수 등의 살균소독을 위해 사용한다. 살균소독에 사용되는 살균소독제는 품목에 따라 기준 및 규격이 정해져 있다. 기준 및 규격을 숙지하고 용도에 맞는 올바른 사용으로 식중독 예방에 힘써야 한다.

살균소독제를 우리나라에서는 기구 및 용기 포장의 살균, 소독의 목적에 사용되어 간접적으로 식품에 이행될 수 있는 물질로 규정하고 있다. 미국에서는 'Antimicrobial pesticides'라고 해서 무생물의 표면에 있는 박테리아, 바이러스, 곰팡이 같은 유해미생물의 성장을 제거 또는 억제하는 데 사용되는 물질 또는 그 혼합물이라고 규정하고 있다.

2) 주방에서 사용하는 살균소독제

주방에 사용할 수 있는 살균소독제로는 식품위생법 제2조와 제7조에 식품용으로 사용하는 식품첨가물(살균제)로 표시되어있다. 과일류, 채소류 등 식품에만 살균목적으로 사용해야 하며, 완성 전에 반드시 헹궈서 살균제가 잔류하지 않도록 한다.

주방기구의 살균소독제는 기구 및 용기 포장의 살균소독 목적에 맞게 사용하여야 하며, 용도에 따른 살균소독제 유효 성분의 사용 농도는 개별품목에 정해진 사용기준에 적합하게 사용해야 한다. 살균소독제를 규정된 농도에 따라 희석하여 사용하면 안정성에 대한 문제는 없다. 식품용 기구는 세척제로 세척한 후 물에 헹구고, 기구 등의 살균소독제로 20℃에서 5분 이상 처리한 후 건조하여 사용한다.

살균소독제는 보통 염소계 소독제로 미국 공중위생협회에서 차아염소산염을 살균제로 공표하여 음료수 살균에 1850년경부터 보급되었고, 식품공장 사용은 낙농계에서 1910년부터 시작하여 통조림, 냉동분야 살균제로 사용하였다. 살균소독제의 종류로는 차아염소산칼륨, 차아염소산나트륨, 차아염소산리튬, 염소화인산삼나트륨, 이산화염소 등이 있다.

식품의 제조·가공용 기구 등을 살균소독제로 사용할 때는 200mg/L 이하로 사용하며, 사용한 살균소독제 용액은 식품과 접촉하기 전에 자연건조, 열풍건조 등의 방법으로 제거해야 한다.

종류로는 요오드계, 과초산계, 알코올계, 4급 암모늄계 등이 있다.

3) 살균소독제의 사용

① 보관방법

통풍이 잘되는 냉암소에 판매용기 그대로 잘 밀봉하여 보관한다.

② 희석방법

가. 희석준비

- 제품에 표시된 희석방법과 주의사항을 숙지한다.
- 장갑, 고글, 마스크 등 안전보호장구를 착용한다.

나. 희석작업

- 바람이 없고 통풍이 양호한 장소에서 작업한다.
- 사용 시점에 사용할 양만 정확한 계량으로 희석한다.
- 음용수를 사용하여 희석한다.
- 희석 후 희석액의 농도를 확인한다.

③ 사용 시 주의사항

- 세척제나 성분이 다른 살균소독제와 혼용하지 않는다.
- 사용 후 잔량은 반드시 안전한 장소에 폐기한다.

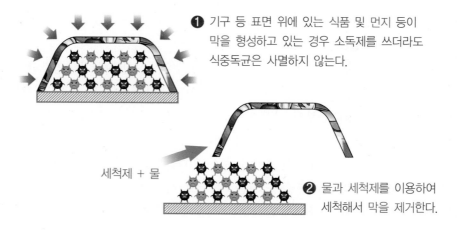

❶ 기구 등 표면 위에 있는 식품 및 먼지 등이 막을 형성하고 있는 경우 소독제를 쓰더라도 식중독균은 사멸하지 않는다.

세척제 + 물

❷ 물과 세척제를 이용하여 세척해서 막을 제거한다.

❸ 200ppm 농도의 소독제를 이용하여 소독 후 자연 건조한다.

[그림 2-13] 기구·용기 등의 세척 및 소독방법

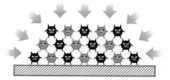

열탕 소독	소독제 소독	자외선 소독고

행주 · 숟가락 · 젓가락 · 물컵   칼 · 도마 · 용기 · 도구 · 작업대   조리 소도구 보관 시

(컵의 입구가 자외선등을 향하게 보관)

[그림 2-14] 기물 소독의 예

• 식품 등의 제조·가공·조리에 직접 사용되는 기계·기구 및 음식기를 사용한 후에 세척 또는 살균을 하지 아니하는 등 청결하게 유지·관리하지 아니한 경우 또는 어류·육류·채소류를 취급하는 칼·도마를 각각 구분하여 사용하지 아니한 경우 ☞ 과태료 20만원

5 HACCP(식품위해요소중점관리기준)

(1) HACCP의 개요

HACCP이란 'Hazard Analysis Critical Control Points'의 머리글자로, 해썹이라 부르며 식품의약품안전처에서는 이를 '식품위해요소중점관리기준'으로 번역하고 있다. HACCP은 위해분석(HA)과 중요관리점(CCP)으로 구성되어 있는데, 위해분석은 위해가능성이 있는 요소를 찾아 분석·평가하는 것이며, 중요관리점은 해당 위해 요소를 방지·제거하고 안전성을 확보하기 위하여 중점적으로 다루어야 할 관리점을 말한다.

[그림 2-15] HACCP 인증마크

종합적으로 HACCP이란 식품의 원재료 생산에서부터 제조, 가공, 보존, 유통단계를 거쳐 최종 소비자가 섭취하기 전까지의 각 단계에서 발생할 우려가 있는 위해요소를 규명하고, 이를 중점적으로 관리하기 위한 중요관리점을 결정하여 자주적이며 체계적이고 효율적인 관리로 식품의 안전성(safety)을 확보하기 위한 과학적인 위생관리체계라 할 수 있다.

(2) HACCP의 역사

HACCP의 원리가 식품에 응용되기 시작한 것은 1960년대 초 미국 NASA(미항공우주국)에서 미생물학적으로 100% 안전한 우주식량을 제조하기 위하여

Pillsbury사, 미육군 Natick 연구소와 공동으로 HACCP를 실시한 것이 최초이며, 그 내용이 1971년 미국식품보호위원회에서 처음으로 공표되었다. 이 방식은 1973년 미국 FDA에 의해 저산성 통조림 식품의 GMP에 도입되었으며, 그 후 미국 전역의 식품업계에서 신중하게 도입이 논의되기 시작하였다. 1987년에는 NASA의 식품보호위원회로부터 HACCP의 채택을 권고 받아 미국 농무부 식품안전검사국, 미 수산국, 미 FDA, 미육군 Natick 기술개발연구소 및 대학과 민간의 전문가로 이루어진 식품 미생물기준 전국자문위원회가 설치되어 검토를 거친 결과, 1989년에 HACCP의 지침이 설정되었다. HACCP의 7원칙으로 위해분석, 중요관리점 확인, 관리기준의 설정, 모니터링 방법의 설정, 개선조치의 설정, 기록유지 및 문서작성 규정의 설정, 검증방법의 설정이 제시되었다.

최근 세계 각국은 식품의 안전성 확보를 위해 HACCP을 이미 도입하였거나 도입을 서두르고 있다. 더욱이 1993년 7월 CODEX(국제식품규격위원회) 제20차 총회에서 'HACCP 시스템의 적용지침'을 채택하여 각국에 HACCP 도입을 권고함에 따라, HACCP은 전 세계에 빠른 속도로 확산되고 있다. 우리나라도 식품위생법을 개정(1995.12.29)하여 도입하였고, 각 식품별로 시범사업을 연차적으로 시행함으로써 문제점을 분석·보완하여 우리 실정에 맞는 지침을 마련하여 시행하고 있다.

(3) HACCP 도입의 필요성

최근 수입식육이나 냉동식품, 아이스크림류 등에서 살모넬라, 병원성대장균 O-157, 리스테리아, 캠필로백터 등의 식중독 세균이 빈번하게 검출되고 있으며, 농약이나 잔류수의약품, 항생물질, 중금속 및 화학물질[포장재가소제(DOP), 식물성 가수분해단백질(MCPD), 다이옥신 등]에 의한 위해발생도 광역화되고 있다. 그러므로 우리나라도 이들 위해요소에 대한 안전지대가 아니라는 우려가 확산되고 있으며, 식품의 위생안전성 확보에 대한 관심이 전 사회적으로 고조되고 있다. 최근에는 위해요소를 효과적으로 제어할 수 있는 새로운 위생관리기법인 HACCP을 대형 호텔 및 외식업체에서 법적근거에 따라 도입하여 적용하거나 적용을 추진하고 있다. 유럽, 미국 등 각국에서는 이미 자국 내로 수입되는 몇몇 식품에 대하여 HACCP을 적용하도록 요구하고 있으므로 수출경쟁력 확보를 위해서도 HACCP 도입이 절실히 요구되고 있는 실정이다.

(4) HACCP의 관리계획 7원칙 12절차

HACCP은 7가지 원칙으로 이루어진 식품의 안전성에 대한 계통적인 수단이다.

[표 2-4] 준비단계(5절차)

절차	절차명	적용	
1절차	HACCP팀 구성	조직구성 및 팀원의 역할, 인수인계 등 문서화	
2절차	제품설명서 작성	식재료의 특성과 취급방법, 식재료, 조리방법에 따라 작성	
3절차	용도 확인	식품의 사용용도와 대상 소비자 파악, 조리여부	
4절차	공정흐름도 및 평면도 작성	공정흐름도 작성: 식재료의 입고, 손질, 조리, 제공까지의 흐름도 평면도 작성: 주방구획 설정, 장비, 기구배치, 동선, 세적, 공조, 배수시설 등	
5절차	공정흐름도 현장 확인	HACCP팀은 작업현장에서 직접 확인 후 검증	

[표 2-5] 실행단계(7절차)

절차	절차명	적용	
6절차 (원칙1)	위해 요인 분석	위해요인이 발생하는 단계를 정리하고 발생을 방지하기 위하여 취하는 수단을 기술한다(원료별, 공정별로 생물학적, 화학적, 물리적 요소).	
7절차 (원칙2)	중요관리점 (CCP) 설정	식품의 안정성에 큰 문제를 야기할 수 있는 단계나 지점을 뜻하고 위해요소를 제거하고 감소시켜 식품의 안정성을 확보할 수 있는 단계나 절차 또는 지점을 말한다.	
8절차 (원칙3)	한계 기준 설정	특정한 중요관리점에 대하여 예방을 위한 허용 한계를 확립한다(온도, 시간, 습도, PH, 염도, 수분활성도, 질감, 색깔).	
9절차 (원칙4)	모니터링 방법 설정	중요관리점에 대한 공정이 한계기준에 벗어나지 않고 안정적으로 운영되도록 관리하기 위해 종업원의 수행에 대한 관찰, 측정 수단이다. 6하원칙에 따라 세부적이고 사실적으로 기록한다.	

절차	절차명	적용
10절차 (원칙5)	개선 조치 설정	모니터링 결과 중요관리점의 한계 기준을 벗어날 경우 취할 일련의 조치를 말한다.
11절차 (원칙6)	검증 방법 설정	HACCP 시스템이 체계적이고 효율적으로 정확히 작동하고 있음을 평가하고 검증하는 방법이다.
12절차 (원칙7)	문서 작성 및 기록 유지	HACCP 시스템을 문서로 남기기 위하여 효과적인 기록의 작성 방법을 확립하고, 기록은 정기적으로 검토하고 내부 규정과 서식에 맞게 정확하게 기록하고 검토·평가되어야 한다.

(5) 외식업소의 HACCP

우리나라의 외식업체는 HACCP 자율 적용대상이다. 식품안전은 외식업체의 신뢰도와 명성뿐만 아니라 마케팅 관리면에서도 상당한 위력을 발휘하고 있다. 현재 우리나라에서도 대규모 외식업체에서는 HACCP을 도입하여 위생적인 설비 도입과 표준화된 위생관리 기준을 마련하여 철저한 업소 위생관리를 시행하고 있다. 그러나 대부분의 외식업체들이 영세한 규모이고 초기시설 비용이 많이 들어 체계적인 위생관리가 이루어지지 않는 현실이다. 물론 소규모 외식업체의 경우 식품의약품안전처 위해중점관리기준 고시에 명시된 선행요건, 즉, 식품을 대량으로 장기간 생산, 유통하는 식품제조가공업소의 안정성 확보를 위한 HACCP 지정요건을 갖출 수 없다. 그렇지만 업소의 규모와 여건에 맞는 위생시설의 투자는 필수이다. 이 조건이 갖추어졌다면 비가열 조리공정, 가열 조리공정, 가열 조리 후 처리과정 등 3가지 조리공정으로 분류한 뒤, 공정흐름도를 작성하고 조리공정별로 HACCP 관리계획을 수립한다. 공정흐름도를 작성하면 HACCP의 7가지 원칙에 따라 HACCP 관리계획을 작성한다. HACCP 관리계획은 중요관리점에서 위해요소를 줄이거나 제거할 수 있는 구체적 관리 방안을 말한다. 외식업소에서는 미생물이 중요 위해요소이므로, 증식을 억제하기 위해 비가열 식품의 세척과 소독, 가열조리 시 온도, 조리 후 음식의 보관시간 및 온도를 통제해야 한다.

CHAPTER 3

{ 주방 안전관리 }

1 주방 안전관리의 개요

주방은 음식을 생산하기 위한 장비, 기기, 기구, 소도구를 포함한 주방기물과 가스와 전기 등의 열원, 가장 기본 재료인 물, 식용유 등이 필수요건이므로 관심을 가지고 주의하지 않으면 안전사고를 유발할 수 있는 공간이다. 안전사고는 장소와 시간을 가리지 않고 누구한테나 일어날 수 있다.

주방에서 일어나는 안전사고는 사소한 부주의에서 비롯되며, 개인에게만 해당하는 것이 아니라 작업장에 근무하는 모든 사람에게 영향을 끼치므로 각별한 주의를 기울여야 한다. 주방의 작업환경은 항상 물과 기름을 많이 사용하는 관계로 바닥이 미끄러우며, 각종 장비와 협소한 동선, 뜨거운 조리기구와 음식 등으로 인해 상시 안전사고의 위험에 노출되어 있다. 반복되는 조리작업으로 인한 신체부위의 과도한 움직임과 근력의 사용으로 근골격계에 부담을 주어 요통, 팔꿈치 등 근골격계 질환이 발생할 수 있다. 조리종사자는 항상 안전사고 위험에 노출되어 있으므로, 작업 시 안전수칙을 철저히 지키고 사용 용도에 맞는 안전보호구를 사용하고 근무에 임해야 한다.

주방이 안전한 곳이 되기 위해서는 조리사의 안전의식을 바탕으로 정리정돈의 생활화와 항상 위생적이고 안전한 주방환경과 시설관리에 대한 감시와 통제가 있어야 한다. 주방의 주인인 조리사에게 안전사고에 대한 정기적인 교육과 지속적인 배려가 수반되어야 한다. 주방에서 가장 많이 발생하는 안전사고 유형을 살펴보면 [표 3-1]과 같다.

[표 3-1] 주방 안전사고 유형

사고 유형	사고 제공원	유발요인	안전대책
절상	칼, 슬라이서, 채칼, 유리조각, 작업대 끝, 깨진 그릇	• 사용 부주의 • 작업미숙	• 작업 시 집중하기 • 기기 사용법 숙지하기 • 작업 숙련도 연마하기 • 파손된 유리제품 폐기하기
화상	뜨거운 물과 기름, 스팀, 오븐, 솥, 뜨거운 조리기구	• 작업 부주의 • 과도한 열원	• 뜨거운 기물 사용 시 마른 행주 사용하기 • 조리 시 물, 기름, 음식량 조절(70%) 하기 • 스팀 배출구는 작업자 반대편에 배치하기 • 오븐 사용 후, 개방 시 한발 뒤에서 개방하기
미끄러짐	주방 바닥, 어두운 조명, 걸림	• 바닥 소재 선택 불량 • 시야 불량 • 바닥의 정리정돈 불량 • 물과 기름 사용 후 청소 불량	• 미끄럼방지 재질 바닥 시공하기 • 깨끗하고 건조된 바닥 유지하기 • 오염된 이물질 또는 장애물 제거하기 • 이동 시 시야 확보하기
전기 감전	전기제품, 전자제품	• 사용 부주의 • 물 작업 후 부주의	• 제품사용 시 사용설명서 숙지하기 • 제품사용 시 물기 제거하기 • 물청소 시 장비에 닿지 않게 주의하기 • 안전콘센트 설치하기 • 전선코드와 플러그를 상시 확인하는 습관기르기 • 전기장비의 접지선 연결 확인하기
화학 물질	합성세제, 세척용 세제, 식품첨가물, 채소에 포함된 농약	• 강알칼리성 세제 • 강산성 세제 • 과도한 세제 사용	• 사용용도에 맞는 안전보호구 사용하기 • 안전보호구 사용 후, 안전보관함에 보관하기 • 강독성 세제는 세제보관함에 보관하기 • 조리기기, 용기로 세제 배분 금지하기 • 독성물질 노출 시 응급조치하기
화재	전기화재, 가스, 식용유, 배기구	• 전기제품 사용 부주의 • 가스스토브 옆 인화물질 방치 • 뜨거운 기름사용 부주의	• 소화기 사용법 숙지하기 • 소화전, 소화기 위치 숙지하기 • 출구와 비상구에 장애물 제거하기 • 직원 대피체계의 확립하기

(1) 개인 안전수칙

- 칼을 사용할 때는 정신을 집중하고 안정된 자세로 작업에 임한다.
- 주방에서 칼을 들고 다른 장소로 옮겨갈 때는 칼끝을 정면으로 두지 않으며, 지면을 향하게 하고 칼날은 자기 몸 쪽으로 향하게 한다.
- 주방에서는 아무리 바쁜 상황이라도 뛰어다니지 않는다.
- 칼을 보이지 않는 곳에 두거나 물이 든 싱크대 등에 담가두지 않는다.
- 칼을 떨어뜨렸을 경우 잡으려 하지 말고, 한 걸음 물러서면서 피한다.
- 칼을 사용하지 않을 때는 안전함에 넣어서 보관한다.
- 주방 바닥은 미끄럽지 않은 상태로 유지하고, 기름과 물기를 제거한다.
- 뜨거운 용기를 이동할 때는 마른 행주를 사용한다.
- 뜨거운 용기나 수프 등을 옮길 때는 주위 사람들을 환기시켜서 충돌을 방지한다.
- 뜨거운 수프나 끓는 물에 재료를 투입할 때는 미끄러지듯이 넣는다.
- 청결하고 몸에 맞는 유니폼과 안전화를 착용한다.

(2) 주방 안전수칙

- 손에 물이 묻어 있거나 물이 있는 바닥에 서 있을 때는 전기 장비를 만지지 않는다.
- 각종 기계는 작동방법과 안전수칙을 완전히 숙지한 후 사용한다.
- 물청소를 할 때 콘센트나 전열기에 물이 들어가지 않도록 특별히 주의한다.
- 가스 사용을 중단할 경우 연소기구의 콕과 밸브는 확실히 닫아둔다.
- 가스 사용 시 자리를 비우지 말고, 끓어 넘쳐 불이 꺼지는지 감시해야 한다.
- 전열기 사용 시 전기용량을 정격치보다 초과하여 사용하지 않는다.
- 연소기기 부근에는 불붙기 쉬운 가연성 물질(호스)을 두어선 안 된다.
- 항상 소화기구(소화기, 소화전)의 위치를 미리 파악하여 유사시 초기에 소화한다.
- 작업종료 시 전기기구의 플러그를 빼고 가스는 콕크 → 중간밸브 → 메인밸브 → 시건장치를 한 후 반드시 가스관리대장에 사인한다.

2 유해위험 요인별 안전관리

(1) 가스레인지

　가정이나 음식점의 주방에서 취사용으로 사용하고 있는 대표적인 연소기를 말한다. 가스 연소기는 사용 가스에 따라 LPG용, LNG용으로 구분되며, 대부분의 연소기는 노즐, 혼합관, 공기조절기(댐퍼), 버너헤드, 염공, 점화장치로 구성되어 있다.

　가스레인지는 주물레인지, 일반가스레인지, 그릴부착레인지, 오븐레인지로 분류하며, 버너의 수에 따라 1구레인지, 2구레인지, 4구레인지로 구분하고, 설치형태에 따라 탁상형 및 캐비넷형으로 구분한다.

가스레인지 점화원리

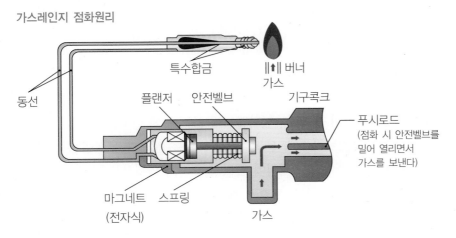

가스레인지 점화장치

[그림 3-1] 가스레인지 점화원리 및 장치

가스레인지의 종류는 다음과 같다.

- 주물레인지: 버너, 삼발이, 다리 등이 모두 주물로 제조된 것으로, 음식점에서 많이 사용한다.
- 탁상레인지: 식탁 등 테이블에 레인지를 고정하여 부착한 것으로, 냄비요리 등 전문식당에서 사용한다.
- 오븐레인지: 가스레인지와 오븐이 조합된 것으로, 윗부분은 가스레인지, 아래는 오븐으로 구성되었다.
- 2구·3구레인지: 2구레인지는 1구레인지 2개를 조합한 것이고, 3구레인지는 2구레인지 중앙에 그릴을 부착한 것으로 주로 가정용으로 사용한다.

가스레인지의 주요 위험요인으로는 가스 누출, 폭발 사고, 조리 중 불에 의한 화상, 조리용 식기가 지나치게 큰 경우 기기 과열로 인한 폭발 위험 등이 있다.

가스레인지를 안전하게 사용하기 위해서는 설치부터 중요하다. 가스레인지를 설치할 때에는 반드시 시공자격자에게 맡겨 안전기준에 따라 설치하도록 하며, 설치 시 통풍이 잘 되고, 인화물질이 없는 곳에 설치한다.

평상시 할 수 있는 가스 누설 점검방법으로는 가스가 누설될 위험이 있는 부분에 비눗물을 붓이나 스펀지에 묻혀서 호스의 연결부분을 충분히 발라주며, 수시로 점검을 실시한다. 가스가 새는 것을 발견하면 먼저 연소기 콕과 중간밸브를 잠가 가스 공급을 차단한다. 차단 후, 창문과 출입문을 열고 누설된 가스를 밖으로 환기(환기를 위한 선풍기나 배기 팬 사용 금지)시킨다. LPG 가스를 사용하는 경우, 신문지 등을 이용하여 연기를 쓸어 내듯이 밖으로 몰아낸다.

가스레인지 사용 시, 점화 불꽃 상태를 확인하도록 한다. 파란 불꽃은 완전연소상태이며, 점화 시 일산화탄소가 거의 발생되지 않는 연소온도가 높은 상태인 반면, 붉은 불꽃은 불완전연소상태로서 연소온도가 낮아 효율이 떨어지고 일산화탄소가 발생하여 작업자에게 일산화탄소 중독을 일으킬 수 있으므로 주의한다.

작업자는 조리 중 불에 의한 화상을 입을 수 있으므로 개인보호구(방열장갑 등)를 착용하고 작업하며, 조리용 식기가 가스레인지의 삼발이보다 더 클 경우 폭발 사고의 위험이 있으므로 주의한다.

가스경보기 설치 시, LNG는 공기보다 가벼워 위로 올라가므로 경보기 설치를 천장으로부터 30cm 이내에 설치하고, LPG는 공기보다 무거워 바닥으로 가라앉으므로 바닥으로부터 30cm 이내에 설치한다. 주위의 온도가 현저히 낮거나 높은 곳, 물기가 직접 닿거나 습도가 많은 곳은 가스경보기 설치가 불가하다.

가스 안전수칙 ⚠

평상시

주방에는 각종 가스 관련 장비와 기기가 배치되어 있다. 관련 가스시설에 대한 사용법과 관리법에 대한 지속적이고 정기적인 교육이 요구되며, 가스누출 시 대처할 수 있는 행동 요령을 교육을 통해 숙지해야 한다. 다음은 가스 안전수칙이다.

- 가스밸브를 열기 전에는 항상 안전여부를 확인하고 주방기구를 점화한다.
- 화기를 취급할 때에는 절대로 자리를 비우지 않도록 한다.
- 중간 밸브를 연 후에는 파일럿(pilot) 점화여부를 수시로 확인한다.
- 화기 주변에는 가연물질을 방치하지 않는다.
- 조리 중 음식물이 넘치면 불이 꺼져 가스누출로 인한 화재위험이 있으니 조리가 끝날 때까지 반드시 자리를 지켜야 한다.
- 주방관계자 이외에는 절대로 가스 밸브에 손대지 못하도록 한다. 가능하면 가스를 중점적으로 관리할 수 있는 담당자를 두며 업무 전·후 가스의 오픈과 폐쇄는 담당자가 반드시 확인 후 기록하도록 한다.
- 가스배관 및 기기의 이상 유무는 비눗물로 정기적으로 점검하도록 한다. 특히 고무관 같이 가스 유출가능성이 있는 재질의 배관이나 가스관의 연결부위는 정기적으로 점검·관리하도록 한다. 오래된 경우 마모되거나 이음새가 노후하여 가스가 누출될 가능성이 있다.
- 가스 사용 시 모든 환기시설을 가동하며 통풍이 잘 되도록 한다.
- 가스 사용 중 누출경보 소리가 울리거나 예고 없이 가스공급이 중단된 때에는 모든 밸브를 잠그고 관련 부서에 통보하여 점검을 받도록 한다.
- 주방에는 다양한 가스 관련 장비와 기기가 배치되어 있기 때문에 관련 가스시설에 대한 사용법과 관리법에 대한 정기적인 교육이 요구되며, 가스누출 시 행동 요령에 대한 교육도 반드시 이루어져야 한다.
- 자동차단(control panel)은 항상 자동 상태로 두며 임의로 조작하지 않는다.

가스레인지 사용 후

• 사용하고 난 후에는 연소기에 부착된 콕과 중간 밸브를 잠근다.
• 다 사용한 가스용기는 반드시 밸브를 잠그고 화기가 없는 곳에 보관한다.
• 누설에 의한 폭발사고를 예방하기 위해 작업 후에는 반드시 모든 밸브를 잠근다.

※ **관련 법령**
• KOSHA CODE D-12-2007 가스누출감지경보기 설치에 관한 지침
• 산업안전보건기준에 관한 규칙(제232조 폭발 또는 화재 등의 예방, 제234조 가스 등의 용기)

(2) 미끄러운 바닥

통로에 호스나 전선 등의 장애물이 얽혀 있거나 노출되어 있는 경우, 물이나 기름 등으로 통로가 오염되어 있는 경우에는 걸려 넘어지거나 미끄러져 사고가 발생할 위험이 크다. 특히 중량물이나 뜨거운 음식물을 운반하는 경우에는 각별히 주의하도록 한다.

[그림 3-2] 미끄럼 방지 주방 바닥

미끄러운 바닥의 주요 위험요인으로는 바닥의 이물질·물기·기름기를 밟고 미끄러지거나 넘어짐, 뜨거운 음식물을 운반하던 중 넘어지면서 생기는 화상, 미끄러지거나 넘어지면서 날카로운 기기에 상해를 입는 경우 등이 있다.

미끄러운 바닥을 안전하게 사용하기 위해서는 우선 바닥에 미끄럼방지 기능이 있는 재질을 사용하고, 물이 고이지 않게 배수설비를 해야 한다.

평소에 넘어지지 않도록 호스 등을 정리정돈하고, 안전한 통로를 유지하기 위해 바닥에 흘러 있는 기름기나 물기 등을 항상 신속하게 제거한다. 작업자는 착용감이 편하고, 발에 꼭 맞는 미끄럼방지 기능이 있는 신발을 착용하도록 한다.

통로에 적재된 장애물을 제거하여 충분한 공간의 통로를 확보한다. 바닥이 잘 보일 정도로 조도를 확보하고, 물건을 운반할 때 우선 이동경로를 파악하여 이동한다.

계단 끝단부에는 미끄럼방지 기능의 테이프 또는 방지판 시공을 하고, 미끄러질 위험이 있는 장소에는 '미끄럼 주의' 표지를 부착하도록 한다.

미끄러운 바닥에 넘어진 사례와 안전수칙 ⚠

개요

주방에서 육수를 거른 다음 식히기 위해 이동 중 미끄러져 뜨거운 육수가 전신에 쏟아져 2도 화상을 입음

발생원인

미끄러지기 쉬운 신발을 착용하고, 바닥의 기름기 또는 물기를 방치하였으며, 이동경로의 상태를 미리 파악하고 않고 서둘러서 뜨겁고 무거운 그릇을 무리하게 옮김

예방대책

미끄러지지 않는 재질의 신발을 착용하고, 바닥의 기름기 또는 물기는 바로 닦아서 제거한다. 이동경로의 상태를 미리 파악하여 차분하게 이동하고, 이동대차 등의 설비를 사용한다.

안전수칙

- 미끄러질 위험이 있는 장소에 경고(주의)표지를 부착한다.
- 바닥의 기름기 또는 물기를 즉시 제거한다.
- 무거운 물건은 이동대차를 사용하여 옮긴다.
- 이동 시 큰소리를 외쳐 주위를 환기시킨 후 이동한다.
- 한번에 많은 양을 운반하지 말고, 들 수 있는 만큼만 나눠서 운반한다.
- 미끄럼 방지 기능이 있는 신발을 착용한다.
- 신발을 꺾어 신지 않는다.
- 물건 운반 전에 이동경로를 파악하여 위험을 인지하고 옮긴다.
- 적정 조명 및 채광을 유지하여 시야를 확보한다.
- 서두르지 않고 차분하게 이동한다.
- 작업 전·후 수시로 스트레칭을 실시하고, 지속적으로 유지한다.

※ 관련 법령

- 산업안전보건법 제12조(안전·보건표지의 부착 등)
- 산업안전보건기준에 관한 규칙 제3조(전도의 방지)
- 고용노동부고시 제2008-77호 안전화 부가성능 기준
- KOSHA GUIDE G-11-2009 전도 방지를 위한 위험관리 안전가이드

3 조리사 안전관리

(1) 음식물 조리작업 안전수칙

1) 절상(베임) 재해예방 안전수칙

[그림 3-3] 도마 위에서 안전한 칼 썰기

- 안전한 절단 및 썰기를 위해 도마를 이용한다.
- 장비 작동과 안전작업 절차에 대한 적절한 훈련을 확실히 받도록 한다.
- 장비의 작동, 청소 및 관리는 사용지침서를 참조한다.
- 절단 칼날이 날카로운지 확인한다.
- 부서지거나 금이 간 유리제품은 폐기한다.
- 청소 후 모든 방호물과 안전 장비에 꼬리표를 부착하고 감독자에게 알린다.
- 몸이 좋지 않거나 나른할 경우에는 장비를 작동시키지 않는다.
- 절단 칼날 근처에 손을 놓지 않는다(양손, 모든 손가락과 절단 칼날을 항상 볼 수 있도록 한다).
- 떨어지는 물체를 잡으려 하지 않는다.
- 혼합기 안의 절단 칼날 또는 휘젓는 기구 같은 이동 부품을 세척하거나 '단순히 털어버리려' 하지 않는다.
- 이송용 호퍼 또는 이동용 슈트에 손을 밀어 넣거나 놓지 않는다(식품을 밀어 넣는 기구를 이용한다).
- 너무 얇게 썰지 않는다.
- 이동기계에 휘말릴 수 있는 헐거운 옷이나 헤어진 옷, 장갑이나 보석을 착용하지 않는다.

2) 화상(데임) 재해예방 안전수칙

- 모든 그릇과 팬, 금속 손잡이는 뜨겁다고 생각한다.
- 뜨거운 물체와 화염과의 접촉을 방지하도록 작업 지역을 구성한다.
- 뜨거운 버너로부터 용기 손잡이를 멀리 한다.
- 뜨거운 물체를 다루기에 적합한 오븐용 긴 장갑을 이용한다.

[그림 3-4] 화상 예방 안전 작업 모습

- 바닥이 깊은 오븐에는 긴 장갑을 이용한다.
- 전기 및 화재안전지침을 따른다.
- 장비의 조작은 사용자 지침서에 따른다.
- 요리형태에 적합한 권장 온도만을 설정한다.
- 뜨거운 물이나 뜨거운 액체가 담긴 그릇의 뚜껑은 튀는 것을 막기 위해 천천히 연다.
- 작업자 자신에게서 떨어진 쪽으로 입구가 향하도록 하여 뚜껑을 연다.
- 긴소매의 면 셔츠와 바지를 입는다.
- 결함이 있는 것은 관리자에게 보고한다.
- 그릇과 팬에 지나치게 음식을 채워 넘치지 않게 한다.
- 뜨거운 기름에 물을 붓지 않는다.
- 손이 잘 닿지 않는 곳까지 억지로 손을 뻗지 않는다.
- 뜨거운 주전자의 뚜껑을 열기 위해 젖은 천을 사용하지 않는다.
- 압력이 있는 경우에는 조리기와 스팀 오븐을 열지 않는다.
- 끓는 액체 부분에 그릇을 기대놓지 않는다.
- 스토브의 뜨거운 전기 부품이나 가스 불꽃을 계속 '켜짐'에 놓지 않는다.

3) 전도 재해예방 안전수칙

- 걸려 넘어지거나 미끄러운 위험 발견 시 감독자에게 즉시 보고한다.
- 바닥과 계단을 깨끗하고, 건조하며 미끄럽지 않도록 한다.
- 바닥과 계단에서 부스러기와 장애물을 제거한다.
- 바닥 청소와 처리에 미끄럼 방지 왁스를 사용한다.
- 카펫, 깔개 및 매트에 구성, 올이 성긴 실, 헐거운 모서리 및 걸려 넘어짐을 유발할 수 있는 돌출 부분이 없도록 확인한다.
- 젖은 바닥 및 기타 위험에 대한 적절한 경고 신호를 이용한다.
- 목재 건널 다리와 난간은 양호한 수리 상태를 유지하고, 쪼개지지 않도록 한다.
- 사다리와 발 디딤대는 양호한 수리 상태를 유지하고, 미끄럽지 않도록 한다.
- 이상이 있는 사다리나 발 디딤대를 사용하지 않는다.
- 사다리 대용으로 의자, 디딤대 또는 상자를 사용하지 않는다.
- 오븐, 식기세척기 또는 찬장 문을 열어 놓지 않는다(작업자나 동료가 걸려 넘어질 수 있는 걸림돌이 된다).
- 바닥과 계단에 물기나 기름이 퍼져있지 않도록 한다.
- 바닥과 계단에 전선이나 호스 등이 널려있지 않도록 한다.

[그림 3-5] 정리정돈이 잘 된 주방 모습

4) 근골격계 질환예방 안전수칙

- 무거운 물건을 들거나 옮길 때는 이동식 리프트를 활용한다.
- 팔꿈치를 몸 가까이 붙이고, 높낮이 조절이 가능한 조리(작업)대를 사용한다.
- 반복 작업이 많을 때는 다른 일과 순환하여 손목 등에 무리가 가지 않게 한다.
- 많은 양의 썰기, 다지기, 혼합하기 등은 가능한 기계를 사용한다.
- 칼, 국자, 주걱 등은 손목을 곧게 펴고 작업할 수 있도록 설계된 인간공학적 조리 기구를 활용한다.
- 중량물 취급에 의한 요통과 팔을 멀리 뻗거나 빠른 속도로 손과 손목을 사용하는 단순 반복 작업에 따른 근골격계 질환(자르기, 다지기, 푸기 등)에 주의한다.

(2) 조리사의 안전보건

1) 근골격계 질환

① 주요 위험 요인

손목 · 어깨 · 목에 부담

② 작업 안전 준수사항

- 작업모, 미끄럼 방지 장화, 보안경, 보호 장갑, 작업복을 착용한다.
- 작업 전 · 후 스트레칭을 한다.
- 작업 후 주변을 정리정돈한다.
- 장시간 허리를 구부리지 않고 작업하도록 보조도구를 이용한다.
- 조리 시 머리를 아래로 향하는 자세는 자주 변경한다.
- 자주 사용하는 재료와 도구는 조리사 몸 가까이에 보관한다.
- 앉아서 작업할 땐 낮은 의자를 사용한다.

③ 작업 안전수칙

- 열린 창이나 서랍 문을 바로 닫아야 한다.
- 조리대가 높으면 발받침을 사용하거나 조리대를 낮춰야 한다.
- 한 자세를 오랫동안 유지하지 않고 수시로 근육을 풀어준다.
- 손목에 자주 큰 힘이 가해지면 보호대를 착용한다.
- 조리도구의 무게, 무게 중심, 형상은 불편하지 않는 것을 선택한다.
- 무거운 물건은 나눠들거나 2인 1조 또는 대차를 사용한다.
- 한 번에 들 수 있는 식재료는 시야를 가리지 않는 정도의 양으로 한다.

[그림 3-6] 무거운 물체 협력하기

2) 설거지

① 주요 위험 요인

베임, 화상, 미끄러져 넘어짐

② 작업 안전 준수사항

- 컵, 유리잔, 접시 등 깨질 수 있는 것은 베일 수 있으니 주의한다.
- 칼, 가위 등 뾰족하거나 날카로운 것은 따로 세척한다.
- 그릇, 접시, 유리컵 등 미끄러져서 깨지지 않도록 주의한다.
- 설거지용 세제를 운반할 때 소량씩 운반하거나 대차를 이용한다.
- 식기건조기를 이용할 때 고온에 의한 화상에 주의한다.

③ 작업 안전수칙

- 작업모, 미끄럼방지 장화, 보안경, 고무장갑을 착용한다.
- 같은 자세로 오랫동안 작업하지 않고, 수시로 스트레칭을 한다.
- 흡연하면서 작업하지 않으며, 작업 후에는 주변을 청소 · 정리정돈한다.
- 높은 곳 식기를 꺼내거나 올릴 땐 흔들리지 않는 견고한 발판을 사용한다.
- 가급적 쪼그리고 앉아서 설거지하지 않고, 편안한 자세에서 한다.
- 금연, 금주, 규칙적인 운동으로 당뇨, 고혈압, 고지혈증을 예방한다.
- 가까운 위치에 응급용품을 비치하고 사용 방법을 숙지한다.

3) 골절기 작업

① 주요 위험 요인

절단, 떨어짐, 감전

[그림 3-7] 안전장갑 착용 후
골절기 작업모습

② 작업 안전 준수사항

- 보안경, 작업모, 작업화, 작업복을 단정히 착용한다.
- 작업 전·중·후 스트레칭을 한다.
- 작업 장소는 작업하기에 충분히 밝아야 한다.
- 통로를 등지고 작업하지 않는다.
- 작업 전·후 주변을 잘 정리정돈한다.
- 무거운 물건은 나눠서 들거나 2인 1조 또는 대차를 이용한다.
- 짧게 자주 충분한 휴식을 취한다.
- 작업 중 음주나 흡연을 하지 않는다.
- 정신을 집중하고 한 눈을 팔지 않는다.

③ 작업 안전수칙

- 절단에 필요한 톱날부위를 제외한 나머지 톱날 부위에 덮개를 설치한다.
- 반드시 절단방지용 장갑을 착용해야 한다.
- 비상정지 스위치는 빨강색 버섯머리 모양이어야 한다.

4) 반죽기 작업

① 주요 위험 요인

절단, 감김, 감전

② 작업 안전 준수사항

- 보안경, 작업모, 작업화, 작업복을 단정히 착용한다.
- 작업 전·중·후 스트레칭을 한다.
- 작업 장소는 작업하기에 충분히 밝아야 한다.
- 통로를 등지고 작업하지 않는다.
- 작업 전·후 주변을 잘 정리정돈한다.

- 짧게 자주 충분한 휴식을 취한다.
- 작업 중 음주나 흡연을 하지 않는다.
- 운전 중인 반죽기에는 손을 집어넣지 않는다.
- 자주 환기하고 시원한 물을 조금씩 자주 마신다.
- 무거운 물건은 나눠서 들거나 2인 1조 또는 대차를 이용한다.

③ 작업 안전수칙

- 반죽기 회전축엔 보호덮개를 설치한다.
- 덮개를 열면 리미트 스위치가 작동하고 회전날은 정지한다.
- 비상정비 스위치는 빨강색 버섯머리 모양이어야 한다.

[그림 3-8] 믹서기 보호덮개

(4) 음식서비스 종사자의 안전보건

1) 식재료 운반

① 주요 위험 요인

걸려 넘어짐, 미끄러져 넘어짐, 요통

② 작업 안전 준수사항

- 통로와 시야를 확보하고 목적지를 확인한 후 식재료를 운반한다.
- 바닥에 어질러진 물건을 정리정돈한다.
- 바닥이 세제나 물로 미끄럽지 않은지 확인한다.
- 식재료를 꺼낸 뒤 열린 서랍이나 문 등은 꼭 닫는다.
- 뜨겁거나 차가운 식재료는 보조기구나 보호 장갑을 이용한다.

③ 작업 안전수칙

- 식재료는 몸에 가깝게 밀착하고, 발은 어깨넓이로 벌려서 몸의 균형을 유지한다.
- 작업복과 작업모를 단정히 착용하고 미끄러지지 않도록 고무장화를 신는다.
- 한번에 들 수 있는 식재료는 시야를 가리지 않는 정도의 양으로 한다.
- 20kg을 초과하는 식재료는 나눠서 들거나 2인 이상 또는 대차 등 보조기구를 활용한다.
- 자주 사용하는 식재료는 쉽게 꺼낼 수 있는 위치에 보관한다.

4 기타 안전사고 예방

(1) 기기류

- 주방장은 주방 종사원의 안전과 장비관리를 위하여 모든 장비의 사용법, 분해, 세척 법 등을 수시로 교육시켜야 한다.
- 기계작동 전 안전장치를 확인하고, 기계의 이상 유무를 먼저 확인해야 하며, 세척 혹은 분해 시에 전원을 끄고 기계가 완전히 정지한 것을 확인한 후에 실시한다.
- 장기간의 기계사용은 금한다.
- 작업 중 잡담은 집중을 이완시키므로 삼간다.
- 규정된 사용법에 따라서 사용하도록 교육시킨다.
- 작업 중에 이상이 발생하면 즉시 전원을 차단하고 확인한다.

(2) 냉동고

- 대형 냉동고에서 작업을 할 때는 안전수칙을 꼭 지킨다.
- −20℃ 이하의 냉동고에서 작업을 할 때는 10분 이상 초과하지 말고 밖에서 휴식 후, 다시 작업해야 한다.

5 화재 예방

(1) 소화기

소화기는 화재가 발생하였을 때 화재진압용으로 사용한다. 화재는 잠깐의 부주의로 재산과 인명사고를 일으키는 대형 안전사고이다. 초기대응이 상당히 중요하며 소화기의 위치와 소화전의 위치를 평상시 파악하고 있어야 한다. 소화기 사용법을 숙지하여 초기 대응에 대비하도록 한다.

화재는 전기, 가스 사용 시 가장 많이 발생하며, 항상 안전 이상 유무를 확인하는 것이 중요하다. 전기 배선이나 장비 등은 불량품 사용을 절대 금지해야 하고, 배기관 주위와 후드, 송수관의 청소 상태를 항상 점검해야 한다. 주

방 장비는 철저히 세척하여 이물질이 남아 있지 않아야 한다. 이상이 있을 경우 책임자에게 바로 보고한다.

(2) 소화기의 종류

소화기는 사용하는 약품이나 방법에 따라 다양한 종류로 나뉜다. 현재 일반적으로 사용하는 소화기에는 포말 소화기, 분말 소화기, 할론 소화기, 이산화탄소 소화기로 나눌 수 있다. 모든 소화기는 소방법에 따라 사용 가능한 화재 종류를 표시하게 되어 있으며, 그 종류는 다음과 같이 크게 3가지로 나뉜다.

- 일반 화재용: 나무, 종이, 솜, 스펀지 등의 섬유류를 포함한 화재에 사용
- 유류 화재용: 기름 등 가연성 액체의 화재에 사용
- 전기 화재용: 누전으로 인한 화재에 사용

그 외에 대형 소화기는 A급의 일반 화재용과 B급의 유류 화재용 소화기로 나뉘지만, 일반 가정에서 사용하는 소화기는 대부분 모든 화재에 사용할 수 있는 약제를 사용하므로 구분 없이 일반 화재, 유류 화재, 전기 화재가 모두 표시되어 있다.

1) 포말 소화기

내부 용기와 외부 용기에 각각 다른 약품이 넣어져 있어 용기를 거꾸로 들어 흔들면 약품의 혼합과 화학반응이 빨리 되며, 배합이 쉽게 이루어져 포말이 품어져 나온다. 화재 발생 시 용기를 거꾸로 한 후, 노즐의 끝을 누르고 용기를 흔들어 노즐을 불꽃 방향으로 향하게 한 뒤 화재를 진압한다.

포말 소화기는 약품으로 이루어져 얼어붙거나 넘어지지 않게 보관하고 반드시 1년에 1회 약제를 교환하여 보관한다.

2) 분말 소화기

　용기 안에 불연성 가스를 축압하여 화재가 발생했을 경우, 레버 조작만으로도 분말 약제가 방출되는 소화기를 말한다. 손잡이 옆에 붙어 있는 안전핀을 제거한 후, 왼손으로 노즐을 잡고 오른손으로 손잡이 레버를 움켜잡으면 방출되며, 사용 시 바람을 등지고 사용한다.

　분말 소화기는 직사광선과 습기가 없는 곳에 비치하고 수시로 약제를 점검하고 이상이 있을 경우 교환한다. 한 번 사용한 소화기는 꼭 재충전하여 보관하는 것이 중요하다.

올바른 소화기 사용 방법 ▲

❶ 소화기를 불이 난 장소로 옮긴다.

❷ 손잡이 부분의 안전핀을 뽑는다.

❸ 바람을 등지고 호스를 불쪽으로 향한다.

❹ 손잡이를 힘껏 움켜쥐면 소화약제가 나온다.

(3) 소화기 보관과 관리 방법

화재가 발생했을 때 소화기를 제대로 사용하려면 평소 소화기관리가 매우 중요하다. 흔히 소화기를 일회용이라고 생각하지 쉽지만, 관리를 잘하면 소화기 수명은 늘어날 수 있다. 소화기는 유통기한이 없으며, 사용한 소화기라도 관리가 잘 되어 있으면 약제를 충전해 다시 사용할 수 있다.

화재 발생 시 평소 관리가 제대로 안 된 소화기는 오작동으로 화재 진압에 어려움을 겪을 수 있다. 소화기는 직사광선과 높은 온도와 습기를 피해 보관하는 것이 좋으며, 언제라도 사용할 수 있도록 눈에 잘 띄는 곳에 놓는다. 그리고 사고 예방을 위하여 소화약제가 굳거나 가라앉지 않도록 한 달에 한 번 정도는 위아래로 흔들어 주는 것이 좋다.

축압식 소화기에는 손잡이 아래 쪽에 달린 지시 압력계가 정상 부위(초록색)에 있는지 확인하며, 분말 소화기는 별도의 압력계가 없으므로 소화약제가 잘 들어 있는지 확인하기 위하여 가끔 중량을 재어보는 것이 좋다.

CHAPTER 4

{ 메뉴관리 }

1 메뉴의 정의

메뉴(Menu)의 어원은 라틴어의 'Minutus'에서 파생되어 영어의 'Minute'에 해당 되는 말로 '상세히 기록하여 놓은 것'이라는 뜻이다. 식단 또는 차림표라 하며 식사로 제공되는 요리의 품목과 형태를 제공하는 순서로 체계적이고 상세히 기록한 목록이나 표를 말한다. 보통 음식명, 주요 식재료, 음식스타일, 소스 등을 표기한다.

웹스터 사전(Webster's Dictionary)에 의하면 메뉴란 'A detailed list of the foods served at a meal(식사를 제공할 때 사용하는 음식명세서)'이라 설명하고, 옥스포드 사전(The Oxford Dictionary)에서는 'A detailed list of the dishes to be served at a banquet or meal(연회나 식사를 제공할 때 사용하는 음식명세서)'이라 정의하고 있다. 즉 식사로 제공되는 요리를 설명한 상세한 표를 말한다. 1541년 프랑스의 앙리 8세 때, 브랑위크 공작 주최 연회 석상에서 요리에 관한 내용 순서 등을 메모하여 자신의 식탁 위에 놓고 즐기는 것을 보고 초대 손님들의 눈에 띄어 퍼지기 시작하였다. 그 후 19세기 초 파리의 팰레스 로얄이라는 식당에서 일반화되어 사용한 것이 오늘날의 메뉴의 시초가 되었다고 전해진다.

메뉴는 오늘날 내부적인 통제도구 기능뿐만 아니라 판매·광고·판촉을 포함하는 마케팅 도구라고 할 수 있다. 식음료 경영활동에 있어서 메뉴는 판매와 관련한 중요한 상품화의 수단으로서 그 역할이 매우 중요하다. 성공적인 메뉴는 다음과 같은 주요목표를 만족시켜야 한다.

첫째, 식당경영의 사명이다. 메뉴가 지닌 사명에 의해서 경영전략이 구현된다.

둘째, 기업의 근원이다. 식당에서 판매되는 모든 상품은 메뉴에서 시작된다.

셋째, 식당의 개성과 분위기를 만들어 내는 도구이다. 식당의 얼굴로 고객에게 애착을 심어주어 분명한 판매 의식을 가져다준다.

넷째, 식당의 실내장식과 큰 조화를 이룬다.

다섯째, 경쟁적 우위를 갖게 하는 수단이다. 그 식당만의 특별한 메뉴로 경쟁적 우위를 가져다준다.

2 메뉴의 역할과 중요성

메뉴는 '레스토랑 경영의 얼굴이며, 상징이다', '기업의 근원이다'라는 말은 한마디로 메뉴의 중요성을 역설한 것이다. 메뉴는 레스토랑의 모든 과정에 영향을 주는 핵심요소이다. 그 과정을 살펴보면 메뉴계획에서부터 서비스 형태, 시설규모, 인테리어, 식재료 구매, 종업원의 수, 가격, 음식의 상품화, 마케팅전략 등 고객만족, 재방문, 나아가 판매 분석과 피드백까지 모든 과정이 연결 고리를 형성하여 이윤창출이라는 궁극적인 목표를 달성하게 된다. 메뉴는 레스토랑 경영의 전반적인 과정에서 중추적인 역할을 하기 때문에 매우 중요하다.

3 메뉴의 형태

(1) 품목 변화에 의한 분류

1) 고정 메뉴

정찬 요리, 일품 요리, 콤비네이션 요리를 모두 포함하는 메뉴로, 몇 개월 또는 그 이상 일정기간 동안 메뉴 품목이 변하지 않고 지속적으로 제공되는 것이다. 고정 메뉴는 상품의 통제와 조절이 쉽고, 전문화할 수 있다는 장점이 있다. 그러나 상품이 오랫동안 고정되어 있고 시장변화에 둔감하면 고객들이 싫증을 낼 수 있으며 시장이 제한적일 수 있다.

2) 순환 메뉴

순환 메뉴는 일정한 주기 또는 월, 계절별로 일정한 기간을 가지고 변화하는 메뉴로, 잦은 변화를 주어 고객에게 신선함과 새로운 메뉴를 제공할 수 있는 장점이 있다. 하지만 식재료의 재고율이 높을 수 있으며, 숙련된 조리사가 필요하다.

3) 단기(가변) 메뉴

단기 메뉴는 특별한 행사나 기간에만 판매되는 메뉴이다. 고객판촉이나 이벤트 형식의 고객사은행사의 성격으로 단기간에 열리며, 페스티발 메뉴, 스페셜 메뉴, 계절특선 메뉴, 건강 메뉴, 채식주의자 메뉴 등이 있다.

(2) 내용에 의한 분류

1) 정찬 메뉴

정찬 메뉴(Table d'hote, Full course menu)는 풀코스 요리로 구성되며 맛, 영양, 분량 등을 고려하여 고객에게 제공한다. 보통 전채 요리(Appetizer), 수프(Soup), 생선(Fish), 샐러드(Salad), 주요리(Main dish), 후식(Dessert), 커피 또는 차(Coffee or Tea) 순서의 7코스로 구성되며, 행사 주최자의 요구나 가격이 높아짐에 따라 9코스로 나갈 수 있다. 9코스일 경우에는 생선코스 뒤에 셔벳, 후식 전에 치즈 코스를 더한다.

2) 일품 요리

일품 요리(A la carte Menu)는 식당에서 판매되는 모든 요리를 식사의 순서에 따라 매 코스마다 수종의 요리 품목을 메뉴판에 명시해 놓고, 고객이 선택해서 원하는 코스만 먹을 수 있게끔 구성하여 제공하는 메뉴(예: 샐러드+메인, 수프+메인, 메인+디저트)이다.

3) 주방장 특선 요리

주방장 특선 요리(Daily Menu)는 레스토랑의 주방장이 매일 새로운 재료를 통해 기술을 최대로 발휘하여 고객의 욕구에 만족할 수 있도록 만드는 것이다. 양질의 재료, 저렴한 가격, 계절에 맞게 매일 변화 있는 메뉴를 구성하여 제공한다.

4 메뉴의 작성 시 고려해야 할 사항

고객층의 연령, 성별, 경제적 능력, 종교 등 대상고객이 누구인가에 초점을 맞춰 고객의 욕구를 충족해야 한다.

레스토랑의 형태에 따라 메뉴의 성격을 달리해야 하며, 공간의 크기, 장비, 주방인력 등을 고려하여 레스토랑의 특성 및 시설, 수용능력을 반영하여 작성한다.

구입가능 품목 및 계절성을 고려해야 한다. 식품에 대한 지식을 갖추고, 충분한 사전 시장조사, 작황 등 식재료의 성수기에 따라 메뉴를 달리하면 가격을 낮출 수 있고, 계절성을 느낄 수 있다.

원가의 수익성을 고려하여 메뉴 계획 시 식재료와 1인분의 원가를 파악하여 원가 변동에 따른 메뉴선택과 가격조정에 반영한다.

식재료의 다양화, 조리법의 다양화, 색의 조화, 각종 향신료, 조미료 사용 등 맛의 변화를 위하여 위의 모든 사항을 고려해야 한다. 영양의 조화, 맛의 변화를 위하여 음식의 중복은 피한다.

음식은 식재료가 혼합되고 조화되면서 맛을 내기 때문에 재료의 상호조화 관계에 대한 단조로움을 피하고 그에 대한 영감과 창의성을 발휘해야 한다.

5 메뉴 작성의 원칙

메뉴를 작성할 때는 식당의 콘셉트를 정한 후, 식당과 주방의 장비 및 서비스 인원을 고려하고 다음과 같은 원칙에 맞게 메뉴를 구성한다.

- 동일한 재료로 두 가지 이상의 요리를 만들지 않는다.
- 요리의 장식에 주의한다. 접시의 조화, 요리에 알맞은 곁들임, 구도와 배색, 높낮이를 맞추어야 한다.
- 비슷한 색의 요리를 반복하지 않는다.
- 비슷한 소스를 중복으로 사용하지 않는다.
- 같은 조리방법을 두 가지 이상의 요리에 사용하지 않는다.

- 요리코스의 균형은 가벼운 음식(Light dish)에서 무거운 음식(Heavy dish)으로 맞춘다.
- 계절, 요일 등의 감각에 알맞은 메뉴를 작성한다.
- 음식의 영양배합은 중요한 요소이다.
- 위생적이고 안전한 조리를 한다.

6 레시피

레시피(Recipe)란 음식을 조리할 때 사용하는 지침서, 음식생산의 처방서라 할 수 있으며, 조리법을 뜻하는 조리 용어로 조리법 · 비법 · 비결 등을 뜻한다. 조리작업에 필요한 각종 재료, 필요량, 단위, 조리과정(준비, 조리, 서빙), 조리기구, 원가, 판매가까지 기록하여 포함된다.

상품가격을 결정하고 조리과정에서 재료의 낭비를 줄이고 음식상품의 품질을 표준화시켜 음식생산의 일관성을 유지하고 관리하는 데 도움이 된다.

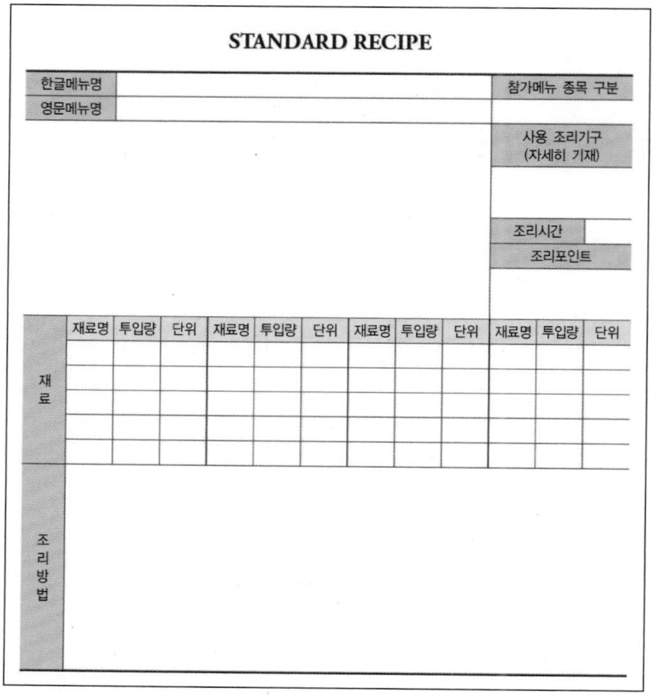
STANDARD RECIPE

한글메뉴명
영문메뉴명
참가메뉴 종목 구분
사용 조리기구 (자세히 기재)
조리시간
조리포인트

재료	재료명	투입량	단위	재료명	투입량	단위	재료명	투입량	단위	재료명	투입량	단위

조리방법

[그림 4-1] 레시피 작성법 예시

7 메뉴와 원가의 관계

(1) 원가관리

구매한 식재료를 가지고 조리조작을 거쳐 새로운 부가가치를 부여하여 고객에게 적절한 서비스를 더하여 제공함으로써 영업이익을 창출하게 된다. 이러한 과정에서 일어나는 식재료와 관련된 가격변화에 경제 가치의 관리를 하는 행위를 식재료 원가관리라 한다. 식재료 비율이 계획보다 낮으면 영업 성적이 우수하고 반대로 높으면 영업 성적이 나쁘게 나타난다. 그러므로 주방에서는 매일 수령하는 식재료의 수량과 그에 대한 가격변동을 세밀히 관찰하여 기록한다. 목표 미달 시에는 어떠한 요인으로 인하여 영업실적 및 식재료 원가가 높아지는지 관심 있게 지켜보고, 그에 대한 대책을 세워서 원인 모르게 원가가 높아지는 것을 사전에 방지할 수 있다.

경영주는 영업을 하기 전 제반 영업동향을 검토한 후, 주방장의 의견을 물어 식재료 원가에 대한 상한선을 지정하게 된다. 이런 계획을 경영계획이라고 하며 월 및 분기, 반기, 년으로 편성하여 연간 식재료, 재료비 계획을 세워 영업하게 된다. 따라서 주방에 근무하는 조리사들이 경영계획에 맞춰서 최소한으로 지정된 식재료 원가를 지켜야만 계획한대로 이익이 발생되는 것이다. 또한 원가 절감이 영업이익과 직결되는 필수요소임을 알아야 한다.

원가관리 목적은 일반기업과 같이 경영전략 또는 예산계획에 따라 식재료를 구입·제조·판매함에 있어 최대의 이윤을 얻는 데 있다. 또한 이에 기인한 원가계산은 이익 산정과 재무 분석을 파악하기 위한 기초자료가 되고, 제품 판매가격 결정의 기초자료가 된다. 외식산업에서도 식음료의 원가관리는 모든 관리의 기초가 되며, 성공적인 식음료 사업의 경영성과를 위해서는 효율적인 식음료 원가관리 제도가 운영되어야 한다.

계획된 식재료를 사용하여 예상되는 이익을 얻을 수 있도록 재료의 구입부터 식재료가 조리되어 고객에게 제공될 때까지의 관리를 일정한 조직화를 통하여 실시해야 한다. 식재료 관리는 재료 내용을 상세하게 검사·계획해서 해당 요리에 필요한 식재료를 선택하고, 필요량과 적정한 가격으로 구입·낭비 없이 조리하여 판매하는 과정을 관리하는 것이다. 따라서 식재료 관리에서 조리사, 서비스 접객원, 구매담당자 모두가 원가에 대한 인식을 중요시하고 상호 협조하여 목표를 향해 나아가야 한다.

(2) 원가와 메뉴 관리의 관계

외식산업에서 원가관리란 식재료 관리에 관련된 제 수익과 비용에 대한 관리를 의미한다. 즉, 상품의 제조·판매·서비스 제공 등을 위하여 투입된 경제적 가치를 의미한다. 식재료 원가는 식재료 구입과 보관과정, 생산과 판매과정에 따라 달라질 수 있다.

원가는 상품의 품질과 생산량 사이에서 상호 보완적인 관계에 위치해 있다. 그중 어느 한 가지만 강조하게 되면 균형이 깨져서 원하는 경영목적을 달성할 수 없다. 따라서 식당경영에서 원가관리는 경영 그 자체라고 할 수 있다.

식당경영자는 계획된 예산으로 달성해야 할 경영 목표나 기준을 세우고 경영을 해야 한다. 음식품목의 가격을 인상 또는 인하하거나 메뉴상의 변화를 촉진하기도 하고, 때로는 식당경영상 야기되는 손실이나 낭비를 방지하고, 품질의 향상 또는 매출증대를 기대할 수 있는 메뉴관리의 기초가 된다.

음식의 품질이나 서비스를 고려한 정책에서 최저가격으로 고객에게 식료를 제공하려는 노력이 경주되고 있으며, 그러한 목적을 위해서는 조직적이고 제도적인 메뉴개발 및 원가관리의 수행이 불가피하다.

메뉴관리에서는 고객의 필요와 욕구를 잘 파악해서 실행하는 것이 우선 조건이지만, 메뉴관리의 궁극적인 목적은 이익의 극대화에 있다. 메뉴 작성자는 식재료 원가율과 선호도를 고려해서 어떤 음식의 품목을 선택할 것인가를 결정해야 할 때에 식품의 원가, 음식에 대한 선호도, 인기메뉴가 다른 메뉴에 끼치는 영향 이 세 가지 요인을 고려해야 한다.

8 **호텔의 메뉴**

BREAKFAST & BUFFET

A Choice of Chilled Fruit Juices

Orange juice

Tomato juice

Prune juice

Pineapple juice

Cereals

Cornflakes w/cold milk

Oatmeal w/hot milk

Breakfast Dishes

Boiled eggs

Scrambled eggs

Raw eggs

Loin ham

Crispy bacon

Breakfast sausages

Hashed brown potatoes

Buttered kidney beans

Bakery Goods

Sweet rolls

Toast

Crescent rolls

Pumpernickel bread

French bread

Rye bread and soft rolls

Dessert

Fruit cocktail

Fresh fruits

Watermelon or mandarin

Beverages

Coffee, tea or cold milk

Others

Jam or marmalade

Butter

LUNCHEON & DINNER

French Vineyard Snails w/Garlic Butter

Double Consommé w/Swallow's Nest

Lobster "Thermidor"

Champagne Sherbet

Broiled Chateaubriand w/Goose Liver and Caviar

Potatoes Cheese Gratin

Bouquetire of Vegetables

Caesar Salad

Roquefort Cheese Terrine

Flambed Banana

Coffee or Tea

Petits Fours

VEGETARIAN

Heart of Palm with Vinaigrette Sauce

Cream of Asparagus Soup

Vegetables Simmered in Curry Essence

Saffron Rice, Sauted Small Onions

Grilled Tomato

Tossed Salad

Strawberry Ice Cream

Coffee of Tea

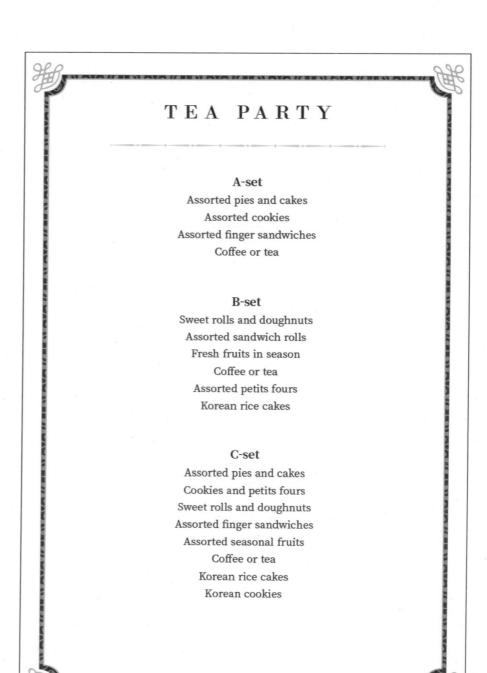

TEA PARTY

A-set

Assorted pies and cakes
Assorted cookies
Assorted finger sandwiches
Coffee or tea

B-set

Sweet rolls and doughnuts
Assorted sandwich rolls
Fresh fruits in season
Coffee or tea
Assorted petits fours
Korean rice cakes

C-set

Assorted pies and cakes
Cookies and petits fours
Sweet rolls and doughnuts
Assorted finger sandwiches
Assorted seasonal fruits
Coffee or tea
Korean rice cakes
Korean cookies

COCKTAIL PARTY

Assorted Canape Plates

Romanoff caviar w/lemon
Smoked trout w/red pimentos
Smoked sea mussels w/mandarin
Blue cheese w/celery
Hunting sausages w/mandarin
Goose liver w/truffles
French farmer sausages w/
cocktail onion
Dry beef pyramids

Assorted Cold Hors d' Oeuvres

Smoked salmon rolls w/
horseradish sauce
Lobster terrine
Cold shrimps w/mayonnaise
Camembert cheese w/raisins
Stuffed eggs w/red caviar
Bratwurst sausages
Homemade veal pt
Cold roast beef rolls w/asparagus
tips

Assorted Hot Hors d'Oeuvres

Skewered shrimps w/American
sauce
Stuffed sole w/cheese gratin
Fish quenels w/neige sauce
Sauted scallops w/pimentos
Polynesian-style fried chicken
Oriental-style beef fillet
Skewered lamb chops w/tomato
Chicken liver w/bacon

Other Plates

Sandwich rolls
Dry tidbits
Vegetable sticks
Small cut fruits
Assorted cookies
Salt & cheese sticks
Pizza pie

Japanese Food

Norimaki

At the Carving Table

Roast beef w/horseradish sauce
Parkerhouse rolls

COCKTAIL & BUFFET PARTY

For Cocktail
Assorted canaps
Assorted cold hors d'oeuvres
Dry tidbits(mixed nuts and potato chips)

Cold Food
Smoked salmon w/Romanoff caviar(wagon service)
Lobster terrine w/Waldorf salad
Cooked turbot fillets"Mosaic"
King prawn cocktail pyramid
Goose liver mousseline w/Madeira jelly
English-style cold roast prime rib
Smoked York ham w/pineapple

Hot Food
Roast beef striploin(wagon service)
Poached stuffed sole w/nantua sauce
Braised ox-tail w/mushrooms
Lobster thermidor
Roast pork w/barbecue sauce
Chicken braised in red wine sauce
Broiled lamb chops"Provencal"
Cpes Bordelaises
Bolognese-style spaghetti

Chinese Food
Jellyfish w/assorted cold meat
Sauted julienne beef

Japanese Food
Sushi(counter service)
Soba(counter service)
Norimaki

Salads
Caesar salad(counter service)
Asparagus salad

Other Plates
Fresh fruits in season
Fresh fruit cocktail
Assorted French pastries
Assorted cheese board
French fried potatoes
Bread and rolls
Butter & preserves

SEASON MENU

AVOCADO PEAR, SHRIMPS, PARADISE
Arranged Shrimps with Avocado, Gently Prepared with Jamaican
Calypso, rum, Vinaigrette

COUNTRY VEGETABLES OYSTER CHOWDER
Light Tomato Flavored with Poached Oyster

MINT SHERBET

CHILLED SEABREAM WITH GREEN BUTTER SAUCE
Grilled Fresh Seabream, Served with Herbs, Green Butter Sauce

OR

BROILED PRIME BEEF SIRLOIN WITH MUSTARD SAUCE
Grilled as Your Wish Sirloin,
Served with Pommary Mustard and Anchovy Fillet

COMBINATION GREEN LEAVES SALAD
Healthly Combination Green Leaves, Served with choice of Dressing

DESSERTS, FRUITS, PASTRIES FROM THE TROLLEY

COFFEE OR TEA

PETITS FOURS

CHRISTMAS MENU

FRESH SHELL OYSTER ON ICE WITH LEMON

SWEET PUMPKIN CREAM

STUFFED YOUNG TOM TURKEY WITH SAGE DRESSING

OR

BROILED BEEF STRIPLOIN, POMMERY MUSTARD SAUCE

BERNY POTATOES

BUTTERED SPINACH

GLAZED CARROTS

CEPE BORDELAISE

SEASONAL COMBINATION SALAD

GINGER BREAD PUDDING

COFFEE OR TEA

메뉴판 디자인 시 고려사항

메뉴 디자인	내용
디자인의 전문성	식당의 콘셉트, 업종 및 업태에 알맞게 메뉴에 디자인이 잘 되어 있는가를 고려함
레스토랑의 전체적인 콘셉트·메뉴의 외형·메뉴의 크기	레스토랑의 전체적인 콘셉트와 메뉴의 디자인, 구성, 크기, 모양, 글씨체, 색상 등이 잘맞는가를 고려함
레이아웃	레이아웃은 메뉴의 종류나 가짓수, 서비스 형태 등 고려함
컬러/메뉴 용지와 관리	전체적인 콘셉트, 종이 ,활자 ,조명 등을 고려함
활자체와 크기	활자체는 너무 복잡하지 않고 읽기 쉬워서 전달력이 있어야 하나, 메뉴의 활자는 미적인 감각도 고려하도록 한다. 크기도 너무 작거나 크지 않도록 전체적인 메뉴판의 크기, 구성 등을 고려함
디자인의 독창성	레스토랑의 콘셉트와 메뉴를 잘 어울리도록 하며 개성 있고 독창성을 가질 수 있도록 함
메뉴 카피의 소구력	메뉴의 중요한 역할 중 하나는 마케팅으로, 메뉴 카피는 고객에게 미각을 자극하여 구매력을 높이도록 준비함
아이템의 차별화	동일한 업종과 업태라 하더라도 메뉴의 크기, 형태, 레이아웃, 디자인 등 독창적인 차별성을 가지도록 함
메뉴교체의 유연성	메뉴는 항상 신메뉴개발이나 수정으로 인하여 변경될 수 있기 때문에 내부 용지를 교환할 수 있도록 붙이고 뗄 수 있도록 하는 등의 아이디어를 개발하고, 가능한 잦은 메뉴 교체를 피하도록 함
매가 표시 위치 전략	메뉴판에 아이템의 포지션을 잘 보이고 선호하는 위치를 중심으로 매가가 높거나 판매량에 따라 배치하는 등의 전략적인 배치를 하도록 함
아이템의 포지션 전략(위치, 순위)	
균형과 조화	메뉴의 크기, 형태, 디자인, 품질 등도 중요하지만 전체적인 레스토랑의 콘셉트에 맞게 균형과 조화를 이루어야 함

The Management Cuisines
in the kitchen

CHAPTER 5

{ 구매관리 }

1 구매관리

구매는 조리와 관련된 제반 물품을 공급하는 모든 행위이다. 적절한 시기, 경제적 가격, 적정량의 품질로 필요한 상품의 구매를 말하며, 이는 조리의 첫 단계인 식재료를 포함한 모든 조리 관련 제품을 공급하는 행위이다. 이를 위해서는 항상 적정재고 상태를 유지하기 위한 점검과 물가동향, 계절에 생산되는 식재료 품목의 구매, 저장 등을 고려하여야 하며, 매일 재고상태를 점검하여 지나친 재고물량의 발생에 유의해야 한다. 또한 구매물품에 대하여는 물품 인도, 품질관리를 철저히 하여 보관 물품에 대한 손실을 최소화하며, 선입선출에 의한 출고를 원칙으로 한다. 여기서 구매관리란 조리 상품 생산에 필요한 식재료를 최소의 비용으로 구입하기 위한 관리 활동이며, 합리적이고 원활한 생산을 위해 품질 좋은 식재료, 적정한 가격, 적절한 공급처를 목표로 삼고 있으며, 구매관리의 핵심은 가격(Price), 품질(Quality), 수량(Quantity)이다.

구매를 담당하는 종사원은 좋은 재료를 저렴한 가격에 구매하고, 조리사들은 저렴한 가격의 재료를 가공하여 높은 가격의 음식을 생산할 의무와 책임이 주어진다.

(1) 신선식품구입 절차

1) 업자 선정

식재료는 믿을 수 있는 식재료 공급업체를 통하여 표시가 정확하고 품질이 우수한 제품을 구매한다.

주　　소 : 경기도 ○○시 △△동
유통기한 : 제조일로부터 3개월
성분 및 원재료 함량 : 닭 100%
포장재질 : 내포장(FE), 외포장(골판지)
보관방법 : −18℃ 이하 냉동보관

주　　소 : 경기도 ○○시 △△동
유통기한 : 제조일로부터 3개월
성분 및 원재료 함량 : 소 100%(호주산)
포장재질 : 내포장(FE), 외포장(골판지)
보관방법 : −18℃ 이하 냉동보관

본 제품은 냉장식품으로 5℃ 이하에
보관해주십시오.
유통기한 : 2018.XX.XX
제품명 : 햄
원산지 : 원양산

원료 원산지 : 연안산
원료 및 함량 : 오징어 100%
제조일자 : 2017년 5월 14일
보관방법 : −18℃도 이하 냉동보관
중　　량 : 10kg
식품의 유형 : 가열 후 섭취, 냉동식품

[그림 5-1] 제품 표시사례

2) 발주

　식재료는 위생적이고 안전한 선택기준에 의해 1일~7일 단위로 필요량에 따라 발주한다. 구입 계획을 구체적으로 세우고 계절(구입 시기), 구입 장소, 수량, 가격변동 등을 고려해야 한다. 특히 제철 식재료를 구입하는 것이 가장 좋은 품질과 저렴한 가격으로 구입할 수 있는 방법이다.

3) 검수

　식품을 구입하는 것도 중요하지만 검수 작업 또한 중요하다. 배달된 물품이 주문 내역과 동일한 식품인지 확인하고 수량, 품질, 신선도, 건조도, 색깔 등을 확인한다. 또 공산품일 경우에는 제조년월일을 반드시 확인한다.
　검수 작업 시 확인해야 할 사항은 다음과 같다.

• 식재료 구매단계에서는 식재료 차량의 청결 상태 및 적정 보관온도 여부를 확인한다
　(냉장: 5℃ 이하, 냉동: −18℃ 이하).

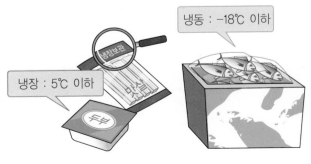
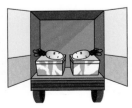

- 식재료는 채소류·어패류·가공식품 등이 구분·보관되어 운송되어야 하며, 차량 내부의 냉장·냉동의 온도 준수 여부를 확인한다.
- 입고된 식재료는 조명이 밝은 장소(조도 540lux)에서 바닥에 닿지 않도록 보관한 뒤 검수한다.

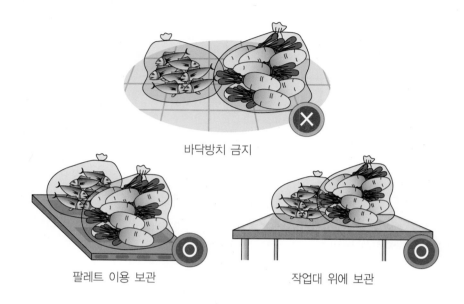

바닥방치 금지

팔레트 이용 보관

작업대 위에 보관

- 검수 시 제품의 온도, 포장상태, 유통기한, 신선도, 수량 및 원산지 등을 확인한다.

온도 확인

포장상태 확인

유통기한 확인

- 서류로 확인할 사항으로는 거래명세서, 원산지 증명서, 등급판정서 등이 있다.

거래명세서				
품목	규격	수량	단가	공급가액

거래명세서

축산물(소) 등급판정확인서	
도체번호	
귀표번호	
품　종	
성　별	
등　급	

등급판정

축산물 등급판정서

원산지 표시	
쌀	국산
김치	중국산
소고기	호주산
돼지고기	국산
닭고기	국산

축산가공품 원산지 표시	
탕수육	국산
핫윙	호주산
섭산적	미국산

원산지 표시

4) 보관

　삽입된 식재료는 지체 없이 식품의 특성에 따라 물품별로 관리 리스트를 만들어 구입일자, 유효기간, 수량 등을 표시하고 공산품과 건조 식재료는 일반 저장고, 신선식품은 냉장고, 냉동식품은 냉동고에 저장기간이 오래 되지 않도록 보관한다.

　식재료 보관을 위한 주의사항은 다음과 같다.

- 좋은 식재료를 철저하게 검수 받아도 적절한 관리와 보관이 이루어지지 않으면 식재료가 오염·변질될 수 있다.
- 식재료의 위생적인 관리를 위하여 냉장·냉동고 온도 확인 및 청결관리, 보관기준, 구분 보관 등을 준수한다.

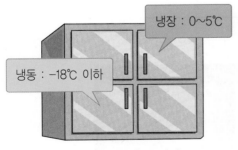

냉장 : 0~5℃

냉동 : −18℃ 이하

냉장·냉동고 온도 관리

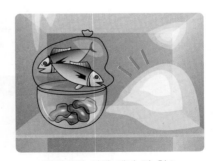

정기적인 성에 제거 및 청소

- 손이 닿는 냉장고 손잡이, 선반 등에 세균이 존재할 수 있기 때문에 정기적으로 세척·청소가 필요하다.

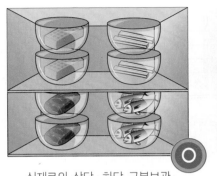

식재료의 상단·하단 구분보관
[상단 – 완제품, 청결식재료 / 하단 – 어육류]

식재료의 구분보관 미흡
[완제품 / 어육류 혼합 보관]

[표 5-1] 식재료 보관 기준

보관 기준	해당 온도 기준	보관방법
냉장	0~5℃	냉장고 보관
냉동	-18℃ 이하	냉동고 보관
상온	15~25℃	상온 창고
실온	1~35℃	냉장고 또는 상온 창고
건냉소·서늘한 곳	0~15℃	냉장고 또는 상온 창고
습기·직사광선을 피하고 건조한 곳·통풍이 잘 되는 곳	0~15℃	냉장고 또는 상온 창고

[그림 5-2] 냉장고 보관 정리의 예

- 개봉한 캔 제품을 소독된 용기에 옮겨 냉장 보관하고, 건조 창고에는 식재료가 오염이 되지 않도록 알맞은 온도와 습도조절이 필요하며, 방충·방서관리를 철저히 해야 한다.

제공	제공 후 남은 케첩 보관

구분 보관	개봉된 식재료 밀봉관리	표시사항 보관

(2) 구매 방법

[표 5-2] 식재료의 형식에 따른 구매 방법

구매 방법	내용
공개시장 구매	재료를 저렴한 가격으로 구매하는 것은 판매자의 이익을 증대시키는 중요 요인이다. 원칙적으로는 일반 경쟁 계약에 따라 구매하는 것이 가장 합리적이라 할 수 있으나, 공개시장 구매는 보통 전화 구매 방식을 통해 구매 명세서를 보고 필요한 것을 구매하는 방법으로, 구매자는 납품업자에게 전화를 해서 필요한 양만큼 발주한다.
비밀 입찰 구매	정부기관 중 일부 공공기관은 비밀 입찰에 따라 구매하게 되어 있는 것을 종종 볼 수 있다. 필요한 상품 목록을 입찰 신청서와 함께 업자에게 발송하면 업자들은 입찰 신청서에 가격을 기재해서 우편으로 다시 발송하면 최저 가격 입찰자에게 낙찰된다. 외식업체에서는 많이 사용하지 않는 방법이다.
계약 구매	매일 혹은 매주 배송해야 하는 식료품은 특정 기간을 정하지 않고 공식적인 계약에 따라 구매한다. 능력 있는 업자와 계약을 체결 또는 출입업자로 선정하면 제품의 품질을 보장할 수 있다. 따라서 계약 구매는 사업자 선정이 가장 중요하다.

[표 5-3] 식재료의 수량에 따른 구매 방법

구매 방법	내용
대량 구매	동일 식품을 대량으로 구입하는 방식 중 하나로, 쌀, 조미료 등을 주로 이용한다. 장점으로는 가격이나 수량 면에서 할인받을 수 있어 구매 비용을 절약할 수 있으나, 재고량이 많아 보관 비용이 발생할 수 있다.
상용 구매	판매 실적에 따라 수차례에 걸쳐 필요한 수량을 구매하는 것으로, 신축성 있는 구매가 장점이다. 그러나 필요한 시기에 품절되어 원하는 식품을 구할 수 없는 경우가 발생할 수 있다. 신선도를 유지해야 하는 어패류, 육류 등이 이에 해당한다.
공동 구매	다수의 구매자가 대량 구매의 장점을 실현하기 위해 공동구매하는 것으로, 계획적이고 대량 발주로 인한 원가 인하 배송에 의한 유통경비 절감, 구매전문가에 의한 엄정한 상품선정 등의 장점이 있다.
집중 구매	본부에서 일괄적으로 구매하는 것으로, 대량 구매의 장점을 얻을 수 있어 비용을 절약할 수 있다. 구매 방법은 누가, 어떠한 절차에 의해, 어떠한 방법으로 구매하는가를 중점으로 구매방침을 세운 뒤 구매 담당자를 선별 후 계약방식을 정해야 한다.

(3) 식품 구입 시 유의사항

- 식재료를 구입하려고 계획할 때 식품의 가격과 시장 상품 동향을 잘 파악한다.
- 허가상급기관의 인가와 신고를 한 사업등록자의 제품인지를 확인한다.
- 구매업체의 소재지, 업소명이 명확하고 일치하는가를 확인한다.
- 식품첨가물(감미료, 착색료, 보존료, 산화방지제, 표백제 등)의 명칭과 용도가 식품규격에 맞게 표시되어 있는지를 확인한다.
- 불가식부 및 폐기율을 고려하여 필요량을 구매한다.
- 건물류와 조미료 등 장기간 보관이 가능한 식품은 한 달에 한 번 정도 구입한다.
- 원재료명 및 함량이 일치하는가를 확인한다.
- 육류를 구입할 때는 중량과 부위에 유의한다.
- 어패류, 채소류, 과일류는 매일 구입하고, 검수 시 외관 및 신선도, 오염정도 등 관능적 평가를 철저히 하고 과일류는 산지, 상자 당 개수, 품종 등에 유의한다.
- 가공식품의 경우 제조년월일, 유통기한을 반드시 확인한다.

2 검수관리

(1) 검수관리

검수관리란 외식업체의 식재료 구매 관리과정의 절차가 마무리되고 식재료가 각 주방으로 입고되면서 동시에 이루어지는 식재료 검사 평가관리 활동이다. 검수과정에는 납품된 식재료가 발주요건에 맞는지, 불량 식재료가 입고되었는지를 구매명세서에 맞게 검사하고 수령하여 관리하는 활동을 말한다.

(2) 검수절차

검수활동은 발주하여 입고된 식재료의 품질, 신선도, 수량, 규격, 위생 등을 주문사항과 일치하는지 검사하여 수령여부를 결정하고 판단하는 과정이다. 검수절차는 가급적 신속하고 효과적으로 이루어져야 하는데, 이렇게 하려면 검수장의 모든 제반 시설이 완벽하게 구비되어 있어야 한다. 저울을 비롯한 검수설비 당도계 등의 기기, 발주서, 구매 청구서 서류 등을 구비하고 준비해야 한다.

따라서 검수 담당자는 상황에 적합하게 물품배달시간 등 검수일정을 미리 계획하고, 사전에 인지하여 원활한 검수절차가 이루어지게 해야 한다. 물품 식재료의 인수 또는 반품 → 인수한 식재료의 입고 → 검수에 관한 기록 및 문서정리 절차로 이루어진다. 검수절차는 다음과 같다.

- 청결한 복장, 위생장갑 착용 후 검수 시작
- 식재료 운송차량의 청결상태 및 온도유지 여부 확인
- 표시사항, 유통기한, 원산지, 중량, 포장상태, 이물혼입 등 확인
- 제품 온도 확인: 냉장식품(10℃ 이하), 냉동식품 냉동상태(−18℃ 이하로 유지), 생선 및 육류(10℃ 이하), 일반채소는 상온, 신선도 확인 및 전처리 채소(10℃ 이하)
- 검수가 끝난 식재료는 곧바로 전처리 또는 냉장·냉동보관(외부포장 제거 후 조리실 반입)
- 검수기준에 부적합한 식재료는 자체규정에 따라 반품 등의 조치를 취하도록 하고, 조치내용을 검수일자에 기록(관리납품 식재료의 주문내용, 납품서의 대조 및 품질검사)

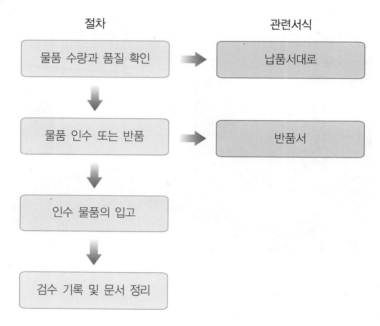

[그림 5-3] 검수절차

(3) 검수방법

1) 전수 검사법

고가의 식재료나 특이하고 희귀한 식재료, 납품된 식재료가 소량일 때 납품된 식재료 전량을 검사하는 방법으로, 상세히 검사할 수 있다는 장점이 있으나 검수 시간의 낭비와 노동력이 필요하다.

2) 발췌 검사법

전수 검사법의 반대 개념으로 일명 샘플링(Sampling) 검사법이라 한다. 납품되는 식재료의 일부를 무작위 임의방식으로 발췌하여 검사하는 방법으로, 발췌 검사 결과로 전체를 평가하므로 상세히 검사할 수는 없지만 시간과 노동력이 절감된다.

3) 식품관능검사

식재료 검수 시 물리적, 화학적인 실험 데이터 분석보다는 검수자의 축적된 경험과 기술, 지식을 바탕으로 판별하는 방법이다. 검수자의 주관적인 판단에 맡길 수밖에 없으며, 일반적으로 맛, 향, 냄새, 외관상태, 광택, 탄성 등을 복합적으로 판단하고 평가한다. 아래의 **[표 5-4]**는 식품감별법을 나타내는 표이다.

[표 5-4] 식품감별법

물리적 검사		온도, 용도, pH, 비중, 중량, 용도, 경도, 물성, 방사능 등
화학적 검사		일반분석(정성, 정량) 등
관능검사	맛	단맛, 짠맛, 신맛, 쓴맛, 매운맛, 떫은맛 등
	외관	형태, 선도, 탄성, 점성, 경도, 광택 등
	기타	색도, 향미, 냄새, 크기, 물성, 이물질 혼입 등
생물학적 검사		세균, 미생물 ,바이러스, 효모, 곰팡이 등
독성검사		독성(급성, 만성)

4) 식품검수평가의 기준과 유의사항

구매 관리 과정에서 검수할 때는 농산물, 수산물, 육류, 공산품 등을 구분하여 검수 작업대에서 검수평가의 기준에 따른 신속하고 정확하게 검사를 한다. 검수 후 외부 포장 등 해충이나 기타오염 우려가 있는 것은 제거한 후 조리실에 반입한다. 특히 과일이나 채소의 박스는 반입 즉시 해체하여 외부로 반출해야 외국 해충으로부터 피해를 막을 수 있다. 주방 내 반입 후 식재료명, 품질, 온도, 이물질 혼입, 포장 상태, 유통기한, 수량 및 원산지 표시 등을

확인하여 기록한 후, 식재료의 특성에 따라 냉장, 냉동, 저장 창고 등으로 구분하여 정리한다. 따라서 검수자는 오랜 경험과 식품의 품질을 평가할 수 있는 지식을 갖추어야 하며, 검수 절차 및 방법, 식품 감별법을 반드시 숙지해야 한다.

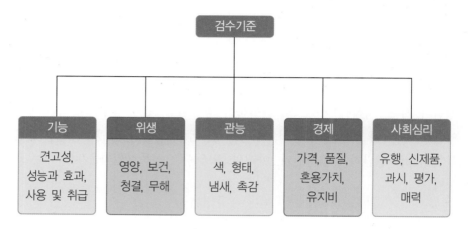

[그림 5-4] 검수평가의 기준

식품 검수 시 유의사항

- 식재료를 위생적으로 검수대 위에 올려놓고 검수하며 맨바닥에 놓지 않도록 한다.
- 검수대 조도는 540lux 이상을 유지한다.
- 검수 기준에 부적합한 식재료는 자체 규정에 따라 반품 등의 조치를 취하도록 하고, 조치 내용을 검수일지에 기록하여 관리한다.
- 식재료명, 품질, 온도, 이물질 혼입, 포장 상태, 유통기한, 수량 및 원산지 표시 등을 확인하여 기록한다.
- 식재료 운송 차량의 청결 상태 및 온도 유지 여부를 확인하여 기록한다.
- 검수가 끝난 식재료는 곧바로 전처리 과정을 거치도록 하되, 온도관리가 필요한 것은 전처리를 하기 전까지 냉장·냉동 보관한다.
- 외부 포장 등 오염 우려가 있는 식재료는 제거한 후 조리실에 반입한다.
- 곡류, 식용유, 통조림 등 상온에서 보관 가능한 것을 제외한 육류, 어패류, 채소류 등의 신선 식품 및 냉장·냉동식품은 당일 구입하여 당일 사용하는 것을 원칙으로 한다.
- 냉장·냉동식품이 실온에 방치되지 않고 정확히 냉장·냉동고에 들어가 있는지 확인한다.
- 당일 구입하여 사용하여야 하는 식재료 품목 중, 전날 사용한 식재료가 냉장·냉동고에 남아 있는 것이 없는지 확인한다.
- 입고된 식품의 규격 및 전처리 사양을 확인한다.
- 냉장·냉동 조리식품에 대해 온도를 확인한다.
- 수량, 중량, 규격을 확인한다.
- 식품별 검수 기준에 따라 품질 상태를 확인한다.
- 상자의 무게를 제외하고 중량을 측정한다.
- 수산물은 물과 얼음, 소금을 제외한 중량을 측정하는데, 사전에 수율에 대한 입고 수량을 합의하는 것이 바람직하다.
- 검수 실시 후 결과를 검수일지에 반드시 기록한다.

The Management Cuisines
in the kitchen

CHAPTER 6

{ 식재료 관리 }

1 식재료 관리

　현대 외식업 경영에서 식재료 사용의 체계적인 관리는 영업 이익 창출을 위한 대단히 중요한 과제이다. 따라서 식재료를 구매하는 구매 담당자나 조리업무를 담당하는 조리사 양자 간에 협력을 아끼지 않아야 한다. 주방업무의 가장 중요한 핵심사항은 식재료 관리이다. 원산지에서 식재료를 구매하면서부터 주방의 업무는 시작된다고 볼 수 있다. 식재료가 어떠한 경로를 통하여 어떻게 관리되는지에 따라 주방관리의 효율성과 일치한다고 할 수 있다.

　식재료 관리업무는 모든 종업원이 식재료 원가에 대한 올바른 이해와 정확한 인식 없이는 제대로 이루어 질 수 없는 기초적인 업무로, 외식업에 종사하는 모든 종사자들은 기본적으로 터득하고 항상 주의를 기울이면서 행동으로 실천하여야 하는 공통 업무이다.

　특히, 현재 호텔 경영실무에서 식재료 관리업무를 제대로 수행하지 못하는 사람은 주방장이나 요리장을 할 수 없을 정도로 중요시되고 있다. 주방에서 식재료 관리는 먼저 해야 할 일과 나중에 해야 할 일들을 결정짓는다. 창고에서 수령해 온 식재료를 식재료 특성에 맞게 손질하여 요리할 수 있는 상태까지 준비함으로써 손실을 막을 수 있다. 또한 선입선출방식으로 냉장고나 창고관리를 철저히 함으로써, 창고 속에서 오래되어 좋은 식재료가 하급 식재료로 전락하는 예가 없도록 해야 한다.

(1) 식재료 관리의 목적

외식산업에서는 식재료의 품질 자체가 상품의 품질과 수명으로 연결되는 경우가 많기 때문에 식재료 관리의 중요성은 아무리 강조해도 지나치지 않는다. 식재료의 모양, 품질, 특성 등이 다양하여 다른 분야의 자재들처럼 균일화, 규격화시키기 어렵다는 것도 하나의 특징으로, 이것이 결국 음식의 표준화를 어렵게 하는 주원인이라고 할 수 있다.

이렇듯 식재료는 다른 자재와 달리 취급하기 어려운 측면이 많아서 관리에 신중을 기울여야 한다. 식재료의 대부분을 차지하는 농산물을 살펴보면 꾸준한 생산 기술과 저장방법의 발달로 공급량과 시기가 확대되고 있기는 하나, 아직도 자연조건의 영향을 받는 까닭에 공산품과 비교해 볼 때 가격 및 공급량의 변동폭이 상대적으로 크다.

가격변동의 경우를 보면 농수산물의 특정품목은 년 중 최저 가격과 최고 가격이 10배 이상 될 때도 있는데, 여기에는 식재료 유통의 문제점인 복잡한 유통경로에 따른 중간상인들의 높은 이익률에 기인하는 부분도 있다. 이런 이유로 식재료 원가가 매출액의 30~40% 정도 차지하는 만큼 식재료 관리는 매우 중요하다. 그러므로 식재료를 취급하는 관계자들은 원가의식을 고취하고 식재료를 알맞게 구매하여 최고의 상태를 유지함으로써 경제적이고 합리적인 관리방법으로 낭비를 방지하고 영업이익을 창출하는 데 목적이 있다.

(2) 식재료 관리의 원칙

표준 조리법(Standard Recipe) 작성을 통해 요리 품목별로 표준 양 목표를 설정하여 정확한 양을 산출하고, 확실한 조리법을 소개하여 낭비를 최대한 줄여야 한다. 고객의 기호도를 파악하여 메뉴를 정비하고, 불필요한 식재료의 반입을 차단한다. '식재료는 곧 현금'이라는 인식을 갖고, 원가계산을 철저히 한다. 적정재고 수준을 유지하여 과잉재고를 갖지 않도록 하며, 저장관리에 만전을 기한다.

(3) 식재료 관리의 효과

식재료 관리를 통한 효과는 다음과 같다.

- 손실(Loss)을 방지하여 목표 이익을 달성할 수 있다.
- 식재료 가격에 민감해진다.
- 정확한 실제 원가계산을 통해 낭비를 줄일 수 있다.
- 영업실적에 관심을 갖게 된다.
- 원가절감 의식이 생겨난다.
- 목표달성을 위한 협조정신으로 능률이 향상된다.
- 재고관리에 관심을 갖게 되며 보관관리가 향상된다.
- 정확한 검수가 이루어진다.
- 인기메뉴와 판매가 부진한 메뉴가 구별되어 고객의 기호도를 파악할 수 있다.

(4) 식재료 관리법

1) 수량관리법

식재료 수량을 위주로 관리하는 방법으로, 가장 정확한 방법이라 할 수 있다. 그러나 종류별로 등급을 부여하여 분류되기 때문에, 구분 집계에 상당한 업무량이 부과되지만 식재료의 증감이나 사고의 경우 원인 추적이 쉬운 장점이 있다.

2) 금액관리법

원칙적으로 수량관리법과 같은 방법이나, 유사한 품목의 수량을 한데 묶어서 기호로 표기하고 금액으로 처리·집계한다. 사고 시 점검할 때는 원가기준카드의 수량을 추적할 수 있기 때문에 합리적이며, 재고 파악 시 일괄분류 되므로 금액대조도 가능하다. 차이가 발생하여 원인추적이 필요한 때에는 그날의 매상명세의 분석결과로 원가기준카드의 항목을 찾아 실제 사용량과 대조한다.

3) 간이관리법

금액관리법을 간략화한 것으로, 대조기간도 월 1회 정도로 하고 월말에 매상집계를 내고 구매량도 월말에 집계·대조한다. 월 2회 정도로 실시하는 것이 효과적이며, 대조비교 방법을 원가기준카드에 의해 원가의식을 갖게 하고 매상 수를 집계한다. 차이가 발생하였을 경우에는 금액관리법과 같이 품목을 즉시 대조·비교할 수 없기 때문에 경과 뒤에 분석조사를 하게 된다.

❷ 저장관리

(1) 식품 저장 방법

품질 좋은 식재료를 구매 후 적절하게 보관 및 관리하지 않으면 좋은 품질을 유지하기 어려울 뿐만 아니라, 최종적으로 음식에도 영향을 미쳐 결국 고객이 원하지 않는 요리를 제공할 수 있다. 따라서 검수를 마친 식재료를 최고의 품질로, 최적으로 유지하고 위생적으로 보관하기 위해서는 신속하고 올바른 식재료 보관이 필수이다. 구매 후 검수를 마친 식재료를 제대로 관리하기 위해서는 저장 시설의 위치, 저장고의 내부 배치, 안정성, 저장 형태, 적합한 저장시설 등을 효율적으로 배치하고, 효과적으로 저장품을 관리·통제해야 한다. 그러므로 식재료를 반입할 수 있는 충분한 공간과 저장창고의 위치 등 가능한 같은 층에 검수 장소, 저장고, 주방이 함께 있는 것이 효율적이므로, 검수구역과 조리 구역 사이에 인접하는 위치가 좋다.

식재료의 저장 방법으로는 '선입선출에 의한 출고', '저장 기준 및 기간 준수', '저장 물품의 안정성 확보' 등이 있다. 저장시설에 대한 정기적인 점검과 관리로 식재료의 오염, 파손, 부패 등을 방지하고, 식재료의 품질을 최상의 상태로 유지하여 공급함으로써 식중독 예방과 경제적인 손실을 미연에 방지할 수 있다.

보관된 물품의 출고는 출고 청구서를 근거로 담당자는 부서 책임자의 지시를 받고 출고한다. 출고 청구서의 내역을 확인하여야 하며 품명, 규격, 수량, 출고 일자 등을 정확히 기록해야 한다.

[표 6-1] 저장창고 식재료 관리의 일반 원칙

원칙	관리 내용	비고
저장 위치 표시의 원칙	식재료의 저장 위치를 쉽게 파악하고 확인이 가능하며, 재고 확인 및 통제가 쉽다.	품목별로 카드비치
분류 저장의 원칙	최적정 저장 기준을 참고하고, 동일 식재료를 분류 저장(입출고 시 번잡과 혼동을 방지)한다.	명칭·규격·성질· 용도·기능별로 분류
품질 보존의 원칙	식재료의 특성 및 온도나 습도에 대한 적응성 등을 세밀히 관찰하여 품질 변화를 가져오지 않고, 사용 가능한 상태로 보존되도록 저장한다.	식재료의 적정 저장 온도와 습도, 저장 기간 등을 적용
선입선출의 원칙	식재료의 저장 기간이 짧으면 짧을수록 재고 자산의 회전율이 높고, 자본 재투자가 효율적으로 이루어질 수 있다.	출고 관리 대장
공간 활용의 원칙	점유공간을 효율적으로 활용하여 저장시설의 저장 공간을 충분히 활용하고, 운반 장비의 이동 공간을 고려한다.	충분한 저장 공간 확보

[표 6-2] 식재료 저장관리의 4가지 원칙

안전성 (Safety)	• 신선식품은 운송에서부터 저장까지의 시간이 가장 중요하며, 신속하고 효과적으로 다루어야 한다. • 건조식품의 경우에는 손상, 부패, 유해물, 곤충 등과 물품의 위생적인 문제가 없는지를 검사해야 한다. • 저장고 운용상의 인사사고에 대비한 식재료 안전을 위한 적재 방법, 사다리, 선반 설비, 냉장고 내부에 설치된 개폐 장치를 안전제일의 원칙에 입각하여 점검해야 한다.
위생 (Sanitation)	• 모든 저장고는 정리정돈과 청결이 우선되어야 하며, 곤충이나 벌레, 박테리아 등의 오염으로부터 보호되어야 한다.
지각 (Sense)	• 보관된 물품의 배열, 재고조사 대장의 순서에 의한 진열, 출하 횟수에 따른 위치선정에 의한 선입선출 방법, 재고 카드의 부착, 식품 특성에 의한 분류, 저장 등 합리적으로 운영되어야 한다.
저장고 보안 (Security)	• 키(Key) 관리, 창고 출입자의 제한, 비상용 키의 관리 절차 등 재고 자산 보호 방안이 강구되어야 한다.

(2) 냉장·냉동 보관방법

구매 후 검수를 마친 냉장·냉동 식재료를 제대로 관리하기 위해서는 신속하게 검수를 한 다음, 냉장·냉동고로 선입선출 원칙을 지키면서 적정량을 보관하고 냉기 순환이 원활하도록 적정 온도를 유지하는 것이 매우 중요하다. 따라서 냉장·냉동고 용량의 70% 이하 정도로 입고하는 것이 좋으며, 반드시 해당제품의 표시 사항(보관방법 등)을 확인한 후, 표시사항에 맞게 보관하여 식재료의 품질을 유지하는 것이 중요하다. 보통 냉장고는 5℃ 이하, 냉동고는 −18℃ 이하의 내부온도가 유지되는가를 하루에도 몇 번씩 확인 및 기록한다.

식품의 오염 방지를 위해 신선한 식품은 냉장실 하부, 가열조리식품은 위쪽으로 구분하여 보관한다. 그리고 냉장·냉동고의 문 개폐는 신속하고 최소한으로 해야 한다. 개봉 후 사용한 통조림류는 병이나 플라스틱 재질의 깨끗한 용기에 옮겨 담아 냉장 보관한다.

냉장고에는 신선식품류와 금방 사용할 식재료, 냉동고에는 육류나 어패류 같은 식재료를 보관한다.

냉장고 보관방법

- 냉장저장실은 0~7℃(습도 75~95%)의 중간온도를 유지하는 저장고이다.
- 냉동식품을 녹일 때나 숙성시킬 때 사용한다.
- 어패류, 육류, 낙농류, 채소류, 과일류 등을 보관한다.
- 식재료에 따라 저장 온도가 다르므로 어패류, 육류, 달걀, 채소류로 나누어 구분하여 저장한다.
- 식품 수납량은 냉장고 용적의 60~65% 정도가 좋다.
- 온도계를 부착하여 온도유지에 주의한다.
- 가열 식품은 상온까지 식힌 후 저장한다.
- 1주일에 1회 정도 정기적으로 청소하여 청결을 유지한다.

냉동고 보관방법

- 주로 육류 및 냉동식품, 완전 및 반조리식품 등을 보관한다.
- 포장이 훼손되어 마르지 않게 한다.
- 장기보존이 많으므로 냉동고의 온도가 -18℃ 이하가 되도록 관리한다.
- 제조년월일을 확인하여 품질보존기간 내에 사용한다.
- 생것, 조리된 식품, 반조리 식품 등을 구분하여 일정한 위치에 저장한다.
- 필요 물품은 동시에 꺼내도록 하여 냉동고 문을 여는 횟수를 줄이도록 노력한다.

적정 온도 확인

선입선출 실시

절임류 보관

전용용기 사용

1일 2회 온도기록

과다적재 금지

(3) 상온 보관방법(저장창고)

식품을 저장하는 창고는 적당한 온도와 습도가 유지되어야 하고, 통풍이 양호하고 방충 · 방서시설, 환기시설 등이 구비되어야 하며, 항상 청결을 유지하면서 정리정돈을 잘 해야 한다. 식품 보관 선반은 바닥과 벽으로부터 15cm 이상의 공간을 띄워 청소가 용이하게 하고, 장마철 등 온도, 습도가 높을 때는 곰팡이 피해를 입지 않도록 한다.

또한 선입선출이 용이하도록 하며 제품명과 유통기한을 반드시 표기한 다음 정해진 장소에 정해진 물품을 구분하여 보관한다. 유통기한이 있는 식품은 유통기한 순으로 선입선출이 용이하도록 진열하며, 라벨이 보이도록 진열한다. 식품과 식품 이외의 것을 분리하여 보관하고, 유지류는 보통 직사광선을 받지 않는 서늘한 곳(5~25℃)에서 위생적인 용기에 넣어 보관하며 냄새가 많이 나는 식품과 분리보관한다. 식품 보관실에 세척제, 소독액 등 유해 물질을 함께 보관하지 않는다.

(4) 저장 창고 보관방법

• 곡류, 조미료, 건물류, 통조림, 채소류, 침채류 등을 보관한다.
• 환기와 조명시설이 갖추어지고 위생적이어야 한다.
• 건어물, 조미료, 통조림 등은 방습성이 뛰어난 용기에 분류한 뒤 수납한다.
• 선반은 금속제품으로 하단에는 무거운 식품 상단에는 가벼운 식품을 보관한다.
• 온도, 습도, 환기를 조절하고 쥐, 파리, 바퀴 등의 침입에 주의한다.
• 정기적으로 청소하고 식품관계자 이외에는 출입을 통제한다.

식재료명 식별   개봉된 식재료 밀봉관리   표시사항 부착

세제류 별도 보관   유통기한 확인   바닥방치 금지

[그림 6-1] 식재료의 건조 창고 보관방법

3 재고관리

식재료를 저장고에 저장하지 않고 음식을 조리하여 고객에게 바로 판매할 수 있다면 시간과 비용도 적게 들고 최상의 음식을 제공할 수 있다. 그러나 대부분의 외식업체에서는 현실적으로 불가능하며, 식재료 저장고를 마련하여 재고를 안고 영업을 하게 된다.

재고관리는 물품의 수요 발생 시 신속하고 경제적으로 적응할 수 있도록 재고를 최적의 상태로 관리하는 절차를 말하며, 적절한 발주시기와 발주량을 결정하고 적정 재고수준을 결정한 후 시행한다.

재고관리는 고객서비스와 재고 비용이 균형을 이루어 적절하게 재고를 유지하는 것에 목적이 있다. 재고 비용을 최소화하면서 고객의 수요와 공급의 균형을 이루어 결국 가격은 싸고 품질 좋은 음식을 제공함으로써 고객 만족을 실현하고, 주방에서는 음식 생산에 필요한 원료수급과 재고 부족이 발생하지 않게 사전 통제하는 관리 시스템인 것이다.

따라서 비합리적인 재고관리는 외식 업체의 경영에 심각한 문제를 야기시킬 수 있을 정도로 중요한 사안이므로 재고관리와 식재료 수요 계획은 전체 음식

생산 시스템 및 음식 판매 시스템과 유기적인 관계를 고려하여 과학적이고 합리적인 방법으로 해결해야 한다.

재고를 보유한다는 것은 비용의 발생을 의미한다. 그렇기 때문에 재고로 인해 얻게 되는 이익과 손해, 재고를 보유하는 데 드는 비용 간의 최적 균형을 유지하는 데 목적이 있다. 합리적인 재고관리의 효과는 다음과 같다.

- 물품부족으로 인한 생산계획의 차질 발생 방지
- 적정 주문량 결정을 통해 구매비용 절감
- 유지비용 감소
- 도난과 부주의 및 부패에 의한 손실 최소화

The Management Cuisines

in the kitchen

CHAPTER 7

{ 주방시설 · 설비관리 }

1 주방시설·설비관리의 의의

주방의 시설은 크게 조리실과 저장창고, 라커룸 같은 부대시설로 나뉜다. 시설을 효율적으로 설계하고 설비를 적재적소에 배치하고 관리하였는가에 따라 작업능률과 경영성과가 확연히 달라진다. 레스토랑의 규모, 메뉴, 서비스 방법, 과거의 주방공간은 소비자 입장에서는 접근할 수 없는 폐쇄적인 공간이었으나, 최근 주방은 식중독으로부터 안전하고 위생적이며 청결한 곳으로 고객과 즐거움을 함께 나누는 공간으로 일반화되고 있다. 주방시설·설비관리의 궁극적인 목적은 시설이나 장비를 효율적·과학적으로 설계하여 배치하고, 유지·보수하여 고객과 경영자의 요구를 만족시킬 수 있는 양적·질적으로 좋은 음식 상품을 생산하여 공급하는 데 있다.

주방시설의 교체가 필요할 때는 전면적인 교체보다 일부 교체 또는 변경하여 사용할 필요가 있다. 그러므로 시설의 설계와 배치에 있어서 환경에 맞추어 변화할 수 있도록 유연성 있는 성능을 지니도록 주방을 설계해야 하며, 생산설비나 주방 장비의 단순한 재배치에서도 일정한 원칙에 입각해서 실시한다.

주방의 모든 시설과 설비는 내·외부 고객의 만족을 위한 목적으로 운영되어야 하며, 음식 상품의 품질과 작업능률의 향상을 위해 가장 효율적으로 조화될 수 있도록 주방설비가 이루어져야 한다. 주방에서 갖추어야 할 시설·설비 조건은 다음과 같다.

- 음식생산을 안전하고 위생적으로 처리할 수 있을 것
- 주방운영이 경제적이며 능률적으로 운영할 수 있을 것
- 모든 종사자가 안전하고 쾌적한 환경에서 근무할 수 있을 것
- 필요한 시간 내에 생산하여 제공할 수 있을 것

2 주방시설의 설계

주방에서 일어나는 모든 업무를 가장 효과적이고 원활하게 수행하기 위해서는 주방의 위치와 규모에 대한 설계가 우선시되고, 조리업무를 수행할 수 있는 역량을 파악하여 설계한다. 그러나 그보다 중요한 것은 조리종사자들이 안전하고 위생적인 환경 속에서 조리업무를 수행할 수 있게 설계 단계에서부터 고려해 시설을 설치하는 것이다.

(1) 주방설계의 기본사항

- 메뉴 수, 메뉴 종류, 조리방법을 우선 결정한다.
- 주방기기의 종류와 규격, 수량을 결정한다.
- 예상 최대 판매수량과 1시간 기준 최고 판매개수의 생산량을 설정한다.
- 냉장·냉동고 등 저장고 공간을 확보한다.
- 주방기기별 생산능력을 확인한다.
- 작업동선이 최소한 1.2~1.3m가 확보되도록 설정한다.
- 조리속도를 빠르게 할 수 있는 주방기기를 설정한다.
- 점포의 특성에 따라 객석으로 서빙하기 편리한 위치에 주방을 설정한다.
- 주방바닥 및 주방 벽체 마감제를 설정한다.
- 온수공급라인과 용량을 확보한다.
- 배수시설의 확보 및 유형을 결정한다.
- 전기용량을 합리적으로 설정한다.
- 가스의 종류 선택과 가스설비 지역과 시설설치를 구분한다.
- 후드설비 도면 및 닥트설비 도면을 확인한다.
- 주방장비, 기기의 레이아웃을 설정한다.
- 주방장비, 기기의 규격 및 리스트를 확인한다.

(2) 공간설계

능률적인 작업공간의 크기는 사용하는 식재료의 크기와 작업구역 배치에 따라 달라져야 한다. 좋은 작업장을 만들기 위한 가장 중요한 지침은 작업을 수행하는 과정에서 일어나게 되는 동작을 생각해 보고, 이 과정을 수행하기 위

해 필요한 식재료와 장비, 기기들이 차지하는 공간을 결정해야 한다. 작업자가 주방에서 작업에 필요한 공간 확보를 위해서 필요한 작업영역 중 정상 작업영역은 구조적인 인체치수와 관련이 있고, 최대 작업영역은 기능적인 인체치수와 관련이 있다. 다음 [표 7-1]은 작업영역에 대한 설명이다.

[표 7-1] 능률적인 작업영역

작업영역	설명
정상 작업영역	한쪽 팔을 자연스럽게 수직으로 늘어뜨리고 한쪽 팔만 가지고 편하게 뻗어 작업을 수행할 수 있는 영역이다.
최대 작업영역	작업자가 한 위치에 서서 작업할 수 있는 영역으로, 양팔을 곧게 펴서 작업을 수행할 수 있는 영역이다.
작업대의 높이	작업자가 서서 작업할 때 작업대 위에 팔을 올려놓고 자연스러운 자세로 서서 팔꿈치보다 5~10cm 정도 낮은 기준이며, 여자의 경우 94~99cm, 남자의 경우 99~104cm이다. 무거운 업무량에 따른 작업일 때 작업표면은 통상 86~91cm의 높이를 설정하는 것이 좋다.
작업통로 공간	조리사 한 사람의 작업통로에 필요한 공간의 넓이는 보통 61~92cm를 확보한 공간을 유지해야 한다. 두 명이 조리작업을 진행할 때 최소한의 작업통로 공간은 1.07m이다.
조리작업대 공간	기구를 사용하고 각종 조리장비의 작동 및 작업에 필요한 손과 팔의 동작유형에 의존한다. 최대 작업면적은 작업자들의 몸을 구부리는 것을 요구하고 조리작업대의 위치 움직임은 최소한으로 유지되는 공간이다.

(3) 조리공간의 설계와 동선

조리공간은 가장 바쁜 시간에 제공할 수 있는 음식의 생산량을 근거로 하여 적절하게 할당한다. 조리공간은 여러 가지 장비와 기기의 기능이 복잡하게 얽혀 있으므로 인체측정 수치를 활용하여 설계할 필요가 있다. 합리적인 주방동선을 결정할 때는 다음 사항을 고려해야 한다.

- 동선을 다른 동선과 교차시키거나 역행해서는 안 된다.
- 동선은 가능한 한 일직선 라인을 통과해야 한다.
- 옆으로 통과하는 동선도 최소화해야 한다.
- 식재료가 체류되거나 흐름과 역행하는 일이 없어야 한다.
- 작업자나 식재료의 이동거리는 최소화해야 한다.
- 공간이나 설비는 최대한 활용되어야 한다.
- 오염구역에서 비오염구역으로 삽입되는 동선은 없어야 한다.

1) 작업대와 선반

조리작업대 공간의 필요 확보량은 기기를 사용하고 각종 조리장비의 작동 및 작업에 필요한 손과 팔의 길이에 좌우된다. 조리작업자의 손과 팔의 움직임은 가능한 한 표준사항과 최대한의 작업면적에 의해 결정된다. 선반의 높이는 평균 신장 172cm의 사람을 기준으로 어깨 높이에 팔 길이를 더한 높이가 선반의 상한선이며, 작업대 위에서 작업을 할 때 불편하지 않은 높이가 선반 높이의 하한선이 된다.

2) 세척공간의 작업

세척공간은 싱크대의 작업자와 다른 작업자의 동선을 고려한다. 싱크대에서 작업하고 있을 때 최소한 1명의 작업자가 작업에 방해되지 않고 지나가기 위해서는 77cm 정도가 필요하다.

3) 수납장의 높이와 작업영역

수납장은 영업시간에 자주 사용하는 영역으로 표준 높이와 영역은 작업을 편리하게 해준다. 가장 편리하게 사용할 수 있는 영역은 보통 작업자의 눈높이에서 작업대 표면까지의 높이이다. 최대로 도달할 수 있는 높이는 최대 작업영역에 속해 있는 높이이다.

4) 조리작업 공간

조리공간의 설정 시 조리사들의 개인작업 공간을 우선적으로 설정해야 한다. 주방공간에서 주어진 작업 활동공간은 조리사 한 사람이 작업공간에 구성된 시설을 최대한 활용하여 특정한 메뉴를 만들어내는 공간이다.

5) 작업장 규모

작업대의 공간 크기는 사용하는 식재료의 크기와 작업구역 배치에 따라 달라져야 한다. 좋은 작업장 배치도를 만들기 위한 가장 중요한 지침은 작업을 해나가는 과정에서 일어나게 되는 움직임을 생각해 보고, 이 과정을 수행하기 위해 필요한 음식과 기기들이 차지하는 공간을 결정해야 한다.

3 주방의 대표 시설

(1) 급수시설

급수시설은 주방에서 조리업무에 적합한 물을 공급하기 위한 시설로 주방의 최대 조리업무 시간대의 급수량을 고려하여 설치해야 한다. 급수시설은 조리작업에 사용하는 음용수, 세척, 설거지, 물청소 등 다양하게 사용되고 있으며, 상수도 및 지하수를 사용하고 있다. 찬물과 뜨거운 물을 사용하는데 보통 뜨거운 물을 사용하기 위해 보일러 시설 등 급탕시설을 따로 설치하여 사용한다.

수돗물 외에 지하수를 사용할 경우, 먹는 물 관리법에 따라 미생물학적 검사는 월 1회 이상, 정기 수질검사는 1년에 1회 이상 실시하고, 분기별로 1회 이상 청소 및 소독을 실시하여 위생적으로 관리해야 한다. 수도의 급수량은 설치공사 설계단계에서 확정되어야 하고, 수도전의 높이는 바닥에서 약 1m 정도가 적당하며 수압은 일반적으로 0.3kg/㎡ 유지해야 한다. 수도 직결 배관방식은 수도 배관의 수압을 이용하여 주방 내에 직접 급수하는 방식으로 2층 이하에서 사용된다. 고가수조 배관방식은 고층건물에 적합한 방식으로 물탱크에 저장하였다가 급수하는 방식이다.

(2) 하수도

하수도는 싱크대에서 세척을 하고 나오는 오수를 쉽게 배출할 수 있는 구조로 설비되어야 하고, 큰 찌꺼기를 거를 수 있는 망을 씌워 하수도가 막히지 않도록 설치한다. 주방에 설치하는 배수장치는 허용 가능한 최대 굵기의 관을 사용하는 것이 좋다. 주방의 배수구인 트렌치나 그리스 트랩의 청소는 매일 1회 이상 실시한다.

[그림 7-1] 트렌치 청소 모습

배수시설은 주방에서 사용한 오수를 배수구를 통하여 신속하게 하수구로 버리는 시설로, 배수와 바닥의 청결유지를 목적으로 설치되어야 한다. 물이 역류하거나 악취가 발생하지 않도록 배수관을 설치해야 하며, 이물질이 많이 흐르는 곳에는 배수로의 경사를 적게 주어 어느 정도 미세한 이물질이 떠서 흘러내릴 수 있도록 해야 한다. 또한 신속한 배수를 위하여 주방바닥과 적당한 기울기를 유지하여야 하고, 하수도의 냄새 또는 하수가스의 배수관 역류를 방지하기 위한 시설을 설치해야 한다.

배수관은 급수관처럼 수압에 의해서 흐르지 않고, 중력에 의해서 흐르므로 급수관보다 반경이 큰 경질염화비닐관이나 아연도금강관 등이 사용된다. 그리고 급배수 시설이 위치한 곳에서는 물의 흐름으로 인한 소음이 발생하기 때문에 소음을 완충하기 위한 이중벽을 설치하거나 배수관을 흡음재로 덮어 씌

위 소음을 줄일 수 있으며, 겨울철 동파를 대비할 수 있도록 해야 한다. 배수로를 흐르는 오수에는 미생물의 영양원이 풍부하여 해충, 세균 등 미생물의 발생원이 되며, 쥐나 해충 등의 침입경로가 되므로 배수설비에는 방충, 방서, 방균 등의 조치가 필요하다.

배수로는 청소하기 쉽도록 단면은 U자형으로 해야 하며 깊이는 15cm, 넓이는 20cm 이상을 유지하여 폐수의 역류나 퇴적물이 쌓이지 않도록 관리해야 한다. 또 배수로는 최대량기준으로 용적을 갖추어서 배출에 대응한다.

배수설비는 배수구, 배수관, 바닥배수 트렌치, 그리스 트랩 등이 있으며 관의 크기와 구배(1/100)를 고려한다. 배수관은 물의 양에 따라서 크기와 형태가 결정되어야 하며, 청소하기 쉽고 물의 흐름이 신속히 이루어질 수 있도록 한다.

방서, 방충 및 주방에서 흘러내리는 부유물이나 음식물 찌꺼기 등을 걸러낼 수 있는 트랩(trap)을 설치하는 것이 좋다. 트랩은 온갖 미생물의 서식지로서 악취를 유발하는 시설이므로 청소를 자주한다. 하수구 청소를 용이하게 하기 위해서 뚜껑을 쉽게 개폐할 수 있도록 설치한다.

주방 바닥에 설치하는 트렌치(trench)는 오물 유출량이 많을 때 바닥 청소를 효과적으로 할 수 있도록 주방의 레이아웃에 따라서 다양한 형태로 설치할 수 있으며, 바닥을 건조하게 유지하기 위해서 트렌치 설치는 매우 중요하다.

 참고 **그리스 트랩(Grease Trap)**

그리스 트랩은 주방 내의 배수를 원활히 하고 환경오염을 줄이며 악취를 방지하기 위하여 시설하는 장치로, 스테인리스 스틸을 사용하고 두께는 2.0mm로 제작하여 오물 및 기름을 걸러내는 데 사용한다. 주방공사 중 콘크리트 타설 전에 위치를 결정하고 오물거름조 주위에 방수공사를 철저히 한다.

[그림 7-2] 그리스 트랩과 트렌치

(3) 환기시설

주방의 환기시설은 조리사의 건강에 직접적인 영향을 주기 때문에 반드시 환기설비를 갖추어야 한다. 주방에서 발생하는 연기, 음식 냄새, 불연소 가스, 증기, 연소 가스 등은 작업자의 근무환경을 악화시켜서 능률저하를 가져오고 건강에도 악영향을 미친다. 이와 같은 위해요소를 제거하고 실외의 맑은 공기를 공급받아 쾌적하고 맑은 작업환경을 조성한다. 환기를 시키는 방법은 창문을 열어 자연환기를 시키는 방법과 송풍기(Fan)를 이용하여 강제로 환기시키는 방법, 배기용 송풍기(blower)를 이용하는 방법이 있다.

자연환기를 할 때는 주방의 창문을 되도록 높게 설치하는 것이 좋으며, 실내외에서 일어나는 대류현상을 이용하므로 여름보다는 실내외의 온도 편차가 큰 겨울에 효과적이다.

송풍기를 이용하는 환기는 배기량이 많은 대형 주방시설에 설치하는 것이 바람직하며, 강제로 내부의 공기를 배출하고 외부의 공기를 실내로 유입하는 역할을 한다. 배기용 송풍기는 조리 시 연기와 냄새의 발생이 심한 곳에 설치하며 내부의 매연이나 냄새를 강제로 외부에 배출한다.

후드(hood)는 벽 부착 방식, 천정걸이 방식으로 구분한다. 후드는 몸체 및 테두리에 홈통이나 수납접시를 만들어 물이 바닥이나 조리 기구에 떨어지는 일이 없도록 하고, 기름을 사용하는 곳은 청소하기 쉬운 구조로 하며 녹이 슬지 않는 스테인리스 스틸 재질을 사용하는 것이 좋다. 후드 내부에 부착된 수분이나 유분이 배수구를 통하여 잘 배출되어야 하며, 필터는 주기적으로 교체하거나 청소를 할 수 있도록 한다.

후드와 연결되는 닥트(duct)공사는 천정을 시공하기 전에 미리 실시되어야 하고, 흡기구나 배기구는 해충이나 쥐의 침입을 방지할 수 있도록 설치한다. 닥트를 만드는 재료는 부식성이 없는 아연도금 강판, 스테인리스 스틸 같은 방청 제품을 사용하고, 방청재로는 페인트를 사용할 수 있으며, 닥트는 단열성을 갖도록 하고, 모양은 각형인 신축형보다는 원통형이 배기효율성에서 효과적이다. 환기시설의 고려사항은 다음과 같다.

- 조리과정 중 발생하는 증기, 기름 냄새, 가스, 열, 취기 등을 주방 밖으로 안전하게 배출하고 신선한 공기를 공급할 것
- 주방기기 및 모터 등으로부터 발생하는 열을 실외로 배출할 것
- 연소를 위해 밖에서 주방 안으로 공기를 공급할 것
- 조리작업의 쾌적한 환경 분위기를 유지해 줄 것

[그림 7-3] 배기시스템

(4) 주방의 바닥

주방에서 물 사용 없이는 모든 작업공정과 생산이 이루어질 수 없다. 그러므로 주방의 바닥을 시공할 때 가장 주의할 점은 방수와 미끄럼방지 시공이다. 균열이 생기지 않는 내산성, 내방수성 재질인 콘크리트나 인조대리석 타

일 등으로 시공하며, 특히 조리공간은 바닥에 급·배수, 전선의 배관이 매설되거나 가스관이 바닥에 노출되는 경우가 있으므로 잦은 물 사용으로 미끄럼 사고가 발생하지 않도록 시공한다. 최근에는 주방바닥에 유공성(수분흡수능력)이 적고 탄성(충격에 견디는 정도)이 좋은 에폭시가 바닥재로 개발되어 이용되고 있다. 또한 주방장비 및 기물을 설치하기 때문에 바닥은 하중에 견딜 수 있는 안전한 재질로 시공한다.

바닥은 배수가 용이하도록 배수구 방향으로 1/100~1/200의 구배로 시공하며, 미끄럼을 방지할 수 있는 재료로 마감한다. 균열이나 파열된 타일은 미생물 증식의 온상이 되므로 즉시 보수하며 바닥은 늘 마른상태로 유지한다.

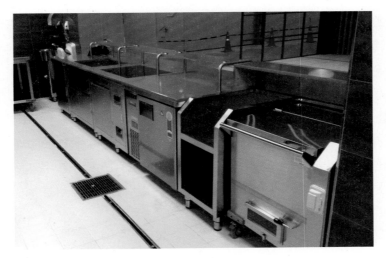

[그림 7-4] 주방바닥

(5) 주방의 벽

주방의 벽은 오염여부를 식별하기 쉽도록 밝은 색의 타일로 시공하는 것이 좋다. 수분의 침투를 막고 청소하기 쉬우며 이물질이나 먼지 등이 쌓이지 않도록 표면이 고르며 매끄러운 타일을 선택하는 것이 좋다. 내벽은 1.5m 이상 불침투성, 내산성, 내열성, 내수성 재료로 설비하거나 세균방지용 페인트로 도색하며, 갈라진 틈을 완전히 제거하여 파손된 부분이 없어야 한다.

물을 많이 사용하는 아래쪽의 벽은 강한 세척제에도 견딜 수 있는 재질로 시공하며, 비교적 높은 곳의 건조한 벽은 구멍이나 균열이 없는 강하고 매끄

러운 재질을 사용한다. 타일은 식품으로부터의 오염, 산, 알칼리, 세척제, 증기와 뜨거운 물로부터도 안정하며 시공비가 적게 들어 경제적이다. 내벽과 바닥이 만나는 모서리는 대부분 직각으로 시공하는데, 청소하기 쉽도록 둥근 곡면으로 처리하는 것이 좋고 곡면타일이나 몰딩을 이용하면 좋다. 재료구입이 어려울 때는 곡면처리용 흑손으로 처리하면 된다.

(6) 주방의 천장

천장은 바닥에서부터 높이가 최소한 3m 이상 되어야 하며, 슬라브가 노출된 상태가 가장 좋다. 주방의 수증기와 유증기를 많이 함유하고 있는 공기가 천정으로 올라와 오염시키므로 틈이 없고 평편하여 청소하기 쉬운 구조여야 한다. 천장 구조를 디자인할 때는 가능한 한 오염여부를 쉽게 파악할 수 있도록 밝은 색상으로 도색하고, 천장이 어수선하지 않도록 조명기구, 배관, 전선, 닥트 등이 노출되지 않게 안전지지대를 설치한 후 시공하여 안전과 시각적인 효과를 동시에 얻는 것이 좋다. 부득이 천장을 마감처리할 때는 내수성, 내화성을 가진 알루미늄 재질을 사용하는 것이 좋으며, 폴리카보나이트(PC) 슬래브나 콘크리트 슬래브를 사용할 경우에는 연결부위는 밀봉처리한다. 밀봉재는 진동이나 수축·팽창 등에 잘 견딜 수 있는 실리콘을 사용하는 것이 좋다.

CHAPTER 8

{ 기초 기능 익히기 }

1 기초 조리이론

(1) 조리과학

식생활의 만족을 위하여 식품재료를 조리, 가공하여 생존에 필요한 영양소를 섭취하고 건강을 유지하며 음식물로서의 가치를 높여주는 모든 방법과 과정을 조리라고 한다. 조리는 식품을 보다 위생상 안전하고 맛있고 먹기 좋게, 그리고 소화가 잘 될 수 있는 상태로 만드는 기술이며, 몸에 필요한 영양소를 고루 섭취하게 한다. 따라서 조리과정에서 일어나는 식품의 성분, 조직, 물성의 변화 등을 과학적으로 해명하고, 조리된 음식의 기호성·영양성·안전성 등 품질 특성을 평가하여 조리조건 및 조리과정에서 일어나는 화학적 변화를 알아보고, 과학적으로 규명하여 이론적으로 체계화하여 조리에 응용하는 학문분야이다.

1) 열의 전달

식품이 맛있게 조리되는 것은 열(에너지)에 의해 식품 내에서 분자운동이 일어나기 때문이다. 이러한 과정을 통해 식품은 냄새를 발생하고, 단백질의 변성을 유도하여 맛을 증진시켜 사람의 식욕을 돋운다. 식품이 조리되면 미생물이나 기생충이 사멸되어 위생적으로 안전하게 되며 맛, 질감, 향, 색깔, 영양소 등이 변한다.

[그림 8-1] 열 전도를 이용한 직화구이

열이 식품에 전달되는 3가지 방법이 있다. 전도는 접촉하는 분자 사이에 열이 직접 전달되는 것을 말하고, 뜨거운 것으로부터 차가운 것으로 열이 전달되며, 대개 금속은 열을 잘 전도하는 성질이 있다. 대류는 공기나 액체를 통해 온도가 전달되는 것을 말하는데, 전도와 혼합의 결합이라 할 수 있다. 복사는 공간을 통해 빠르게 움직이는 전자 에너지 파동을 통한 에너지 이동을 말하며, 에너지 근원과 조리 식품 사이의 직접 접촉은 필요하지 않다. 파동이 공기를 통해 물체에 부딪쳐 흡수될 때, 물체에 있는 분자가 더 빨리 온도를 높이기 위해 진동한다.

복사열을 이용하는 조리방법에는 브로일, 토스트, 직화구이 등이 있다. 이렇게 열이 전달되려면 매체가 필요한데, 보통 습열조리는 물을 매체로, 건열조리는 기름이나 공기를 매체로 한다. 이와 같이 열이 음식에 주는 영향과 우리 몸이 어떻게 음식을 흡수하는지 등에 대한 일반적 지식을 조리사가 잘 알고 있다면 고객의 욕구에 부응하는 새로운 메뉴를 개발할 수 있다. 또한 조리방법의 변화, 알맞은 요리법, 대체할 수 있는 재료 등에 대한 대처방법도 제시할 수 있다. 이는 비용절감, 생산능률, 새로운 기법이나 재료 등에 의해 더 활발해질 수 있다. 열의 전달 속도는 전도 → 대류 → 복사 순서이며, [표 8-1]에 열의 전달에 대해 나타내었다.

[표 8-1] 열의 전달

열 전달 방법	열매체	열의 변화	해당조리기구	특징
전도	전도체 (동, 스틸, 도자기, 공기)	열이 물체를 따라 이동하는 현상	동, 알루미늄 구리 > 스테인리스 스틸 > 유리, 자기 > 공기	전도율이 크면 열의 전달속도가 빠르고 식는 속도도 빠르다. 좋은 전도체는 열을 전하는 속도가 빠르며, 기체나 액체는 전도율이 적다.
대류	기체나 액체	액체나 기체를 밑에서 가열하면 아랫부분의 부피가 팽창하여 밀도가 낮아지고 가벼워져서 위로 올라가고, 차가운 것은 무거워 아래로 내려오는 현상	습열요리기구, 콤비스팀머	더운 물이나 기름 또는 더운 공기가 대류되고 있는 곳에 식품을 넣어두면 물이나 기름 또는 공기가 식품에 직접 접촉함으로써 열이 전도된다.
복사	기체	열원으로부터 중간 매체 없이 열이 직접 전달되는 현상	전기·가스레인지·숯불·연탄불을 이용	표면이 검고 거친 소재를 사용하면 열 흡수가 빠르고 효율이 높다.
강제순환	기체나 액체	뜨거운 공기를 만들어 필요로 한 조리방식에 맞게 복사, 대류, 전도열을 복합적으로 사용	컨백션 오븐	식품 표면 전체에 열풍을 불어 넣어 식품을 둘러 싸고 있는 차가운 공기층을 밀어내고 단기간 구워내는 방식이다.

열 전달 방법	열매체	열의 변화	해당조리기구	특징
극초단파	전자파	초단파가 음식의 물분자를 자극하여 에너지를 발산하는 현상	종이, 유리, 도자기, 플라스틱	금속용기는 사용금지. 전자파에 노출되지 않도록 하고, 전원스위치를 끄고 나서 문을 열도록 하며, 조리 중에는 2m 이상 떨어져서 작업한다.
인덕션	자기전류	금속성 조리기구의 상부 자기마찰열 발생	바닥이 편평한 철, 법랑, 스테인리스 스틸 냄비	비철용기는 사용할 수 없고 가열 속도는 빠르고, 열의 세기는 다양하게 조절 가능하다.

2) 조리 시 물의 상태와 기능

대부분의 식품에 주된 물질인 물은 용매로, 식품성분이나 조미료 등을 용해시키는 등 조리할 때 중요한 역할을 한다. 물은 1기압 하에서는 100℃에서 끓고 0℃에서 언다. 과일과 채소에 최대 95%까지, 날 육류는 75%의 수분을 함유하고 있다. 물은 강한 용매제이면서 식품 중 염류, 당류, 수용성 단백질과 비타민 등 가용성 물질을 녹이거나 전분, 지질 등과 같은 불용성 물질을 분산시킬 수 있는 용매로 작용하는 자유수와 다른 분자에 단단히 결합되어 용매로서 작용하지 못하는 결합수가 있다. 조리에는 화학물질, 미생물 등 건강에 해가 없는 자유수를 사용한다. 또한 용매의 온도가 높아지면 포화용액을 형성하기 위해 더 많은 용질이 녹는다. 소금이나 설탕이 물에 녹을 때 어는점은 더 낮아지고 끓는점은 올라간다.

용해에서 중요한 점은 산성과 알칼리성을 측정하는 pH이다. 정제수는 pH가 7인 중성이다. pH가 7보다 높은 것은 알칼리이고 7보다 낮은 경우는 산성을 의미한다. 모든 식품은 약간의 산성을 띠고 있고 채소, 과일 등 일부분의 식품이 알칼리성을 띠고 있다. 조리에서 물의 역할은 맛, 색, 질감, 영양의 질에 관련하는 등 여러 가지로 조리에 중요하다.

3) 유화

물과 기름 두 물질의 정상적인 혼합이 이루어지지 않을 때 흔들어 주거나, 제3의 물질을 첨가하면 서로 혼합하는 상태를 유화(Emulsion)라 한다. 정상적 조건 아래 지방과 물은 혼합하지 않지만, 장기간 유화를 유지하기 위해서는 기름과 액체를 서로 끌어당기고 유지하는 데 유화제가 필요하다. 유화제인 레시틴이 있는 달걀노른자, 머스터드, 전분 등이 대표적인 유화제다.

4) 전분의 조리

① 호화

생전분에 물을 넣고 가열하면 흡수와 팽윤이 서서히 진행되고, 60~65℃ 정도가 되면 전분 입자가 급속히 팽윤하여 온도가 상승하면 전분용액이 점성과 투명도가 증가하면서 반투명의 교질 상태가 되는 현상을 호화(Gelatinization)라 한다. 호화에 영향을 미치는 요인은 전분의 종류, 입자의 크기, 수침시간, 가열온도, 첨가물 등이 있다.

② 노화

호화된 전분을 0~4℃에 방치하면 불투명해지면서 흐트러진 미셀구조가 규칙적으로 재배열된다. 생전분의 구조와 같은 물질로 변하는 현상을 노화(Retrogradations)라 한다. 노화를 방지하기 위해서는 호화된 전분을 60℃ 이상의 온도에서 급속히 건조시키거나 0℃ 이하로 급속히 탈수(동결건조)하여 예방한다.

③ 호정화

전분을 160~170℃로 가열하면 전분분자는 글루코사이드 결합이 끊어지면서 가용성의 덱스트린(Dextrin)으로 분해되는 현상을 호정화(Dextrinization)라 한다. 팝콘튀김, 빵 토스트, 누룽지, 루를 만들 때 전분의 호정화 현상이 일어난다.

5) 당의 열 영향

① 캐러멜화

설탕에 열을 가하면 처음에는 걸쭉한 시럽으로 변하다가 열이 높아지면 설탕 시럽은 맑은 색에서 엷은 황색으로 변한다. 이렇듯 갈색으로 점차 변화는 과정을 캐러멜화(Caramelization)라 하며, 색의 변화뿐만 아니라 설탕의 풍미를 우리가 알고 있는 캐러멜로 만든다. 설탕의 종류에 따라 캐러멜화되는 온도는 보통 160℃(320℉)에서 녹고 170℃(338℉)에서 캐러멜화되기 시작한다.

② 메일라드 작용

당(포도당, 설탕)이 아미노산을 만나 갈색물질인 멜리노이딘을 형성하는 반응으로 메일라드 작용(Retrogradation)이라 한다. 열이 가해질 때 성분이 작용하고 갈색과 진한 풍미의 향을 만드는 화학적 작용을 한다. 대표적인 예는 달걀을 칠한 빵의 갈변이다.

6) 조리 시 유지(지방)의 역할

유지는 분자 구조에 따라 실온에서 액체 상태인 것과 고체 상태인 것이 있다. 액체 상태의 유지에는 오일이 있고, 고체 상태의 유지는 열에 노출되면 액체 상태가 된다.

유지의 역할은 필수 영양소 이외에도 풍부한 맛과 향미를 좋게 하고, 연화 작용으로 음식이 부드럽고, 촉촉하고, 푹신해 보이고, 윤택이 있어 보이게 한다. 조리할 때 유지는 식품에 기름을 바르고 조리하면 윤활유 역할을 하여 들러붙는 것을 방지한다. 프라이할 때 사용하면 바삭한 질감을 만들 수 있다.

유지에 관한 중요한 측면은 유지가 끓일 때를 제외하고 상당히 고온까지 열을 낼 수 있다는 점이다. 이러한 이유로 음식을 프라이할 때 빠른 시간 내에 갈색으로 변하게 하고 조리할 수 있다. 하지만 온도가 높아지면 유지는 손상되고 산성의 맛(산패)으로 변하게 된다. 이 시점의 온도가 발연점(Smoke point)이 되는데, 유지 형태에 따라 다르다. 일반적으로 식물성 유지는 232℃(450℉)에서, 동물성 유지는 191℃(375℉)에서 연기가 나기 시작한다.

지방을 사용 후 저장할 때 산소, 광선, 효소, 미생물 등의 작용을 받으면 색에 변화가 생기고 농도가 짙어지고 불취가 발생하여 품질이 저하되는 현상을 산패(Rancidity)라 한다. 산패를 방지하려면 어둡고 서늘한 장소에 보관하고, 특히 튀김요리를 한 후 고운 체에 잘 거르고 새 기름과 섞어 사용하는 것은 피한다.

7) 효소적 갈변

① 과일의 효소적 갈변

과일(사과, 바나나, 복숭아 등)의 껍질을 벗기거나 자르면 금방 변색이 일어난다. 자른 단면이 공기와 접촉하여 폴리페놀화합물이 산소와 결합하여 폴리페놀옥시다제(Polyphenoloxidase)를 생성하여 갈변현상을 일으킨다. 갈변을 방지하려면 고온에서 살짝 데치거나, 식초·레몬즙에 담그거나, 냉각·냉동하여 갈변을 방지할 수 있다. 또한 과일은 껍질 제거 즉시 산소와 접촉을 피하기 위해 설탕물에 담가 변색을 방지한다.

② 채소의 효소적 갈변

감자, 고구마, 우엉, 연근 등은 껍질을 벗기거나 자르면 금방 변색이 일어난다. 특히 우엉은 정도가 심하여 손질하는 동안에도 갈변이 일어난다. 채소들은 탄닌을 다량 함유하고 있어서 공기 중에 노출되면 산소와 접촉하여 산화효소인 폴리페놀라아제(Polyphenolase)의 작용으로 갈변이 일어난다. 갈변방지 예를 몇 가지 들어보면 우엉과 연근은 식초 물에 담그고, 감자는 소금물에 담가 변색을 막는 방법이 있다. 또한 고온에서 데치거나 삶고, 냉각·냉동하여 갈변을 막는 방법이 있다.

2 기본 조리법

(1) 습열조리

1) 데치기

채소 등을 끓는 물에 순간적으로 넣었다가 건져 더 익지 않도록 찬물에 헹구는 조리 방법을 데치기(Branching: Blanchir)라 한다. 보통 푸른색소를 지닌 채소에 사용되는 조리방법으로 색소의 손실, 무기질, 비타민의 손실을 줄일 수 있다.

① 물을 사용한 데치기(Blanching in Water)

- 감자: 끓는 소금물에 감자를 넣고 살짝 익힌다. 건져서 편편한 쟁반에 수건을 깔고 물기를 제거하면서 식힌다.
- 채소: 끓는 소금물에 채소를 넣었다 빨리 건진다. 비타민, 무기질 색소의 손실을 막을 수 있다.
- 뼈: 찬물에 뼈를 넣고 끓인 다음 불순물을 제거한다.
- 닭: 찬물에 닭을 넣고 끓여서 화이트 스톡(White stock)을 얻는다.
- 고기: 찬물에 고기를 넣고 끓인다.

② 기름을 사용한 데치기(Blanching in Oil)

생선, 육류, 감자, 채소는 130℃(250℉)에서 데친 후 식힌다.

2) 살짝 찌기

살이 연한 생선을 비롯한 어패류, 달걀요리에 많이 사용되는 조리법으로 식재료를 물에 잠길 정도로 붓고 끓기 직전의 낮은 온도에서 아주 서서히 살짝 쪄서(Poaching: Pocher) 익히는 방법이다. 물이 뜨겁지만 약간 떨리는 정도로 약하게 끓을 때보다 움직임이 덜한 상태가 되도록 조리한다. 수분이 탈수되지 않아 식재료 자체의 향미를 간직하고 영양소 파괴를 최소화하는 웰빙 조리법이다.

- 생선: 65~80℃에서 연한 육수를 이용하여 조리한다.
- 가금류: 먼저 데침 과정을 거친 다음, 화이트 스톡으로 살짝 찌도록 한다.

3) 삶기

식재료를 물이나 스톡에 푹 잠기도록 넣고 최초의 비등점까지 끓이거나 삶는 조리방법을 삶기(Boiling: Cuire)라 한다. 육류, 가금류, 생선, 채소 등 모든 요리에 사용되는 조리법으로 수분함유량이 많은 식재료는 액체를 적게, 건조한 식재료는 액체의 양을 많이 넣어 조리한다.

- 감자, 뿌리 채소: 찬물로 뚜껑을 덮고 조리한다.
- 육류: 질긴 육류를 장시간 물에 삶는다.

4) 졸이기

물을 붓고 표면이 약간 물결치는 정도가 되게 비등점 바로 아래 온도에서 서서히 은근히 끓이는 방법을 졸이기(Simmering: Bouillir)라 한다. 오래 은근히 맛을 우려내는 조리방법으로 연하게 요리할 작게 자른 부위나 큰 부위에도 적합하다.

- 육류요리: 삶은 육류, 양고기, 송아지, 소 혀는 끓는 물, 육수로 먼저 데친 후, 서서히 끓인다. 뚜껑을 덮지 않는다.
- 해물요리: 전복, 문어 같은 해산물을 살짝 데친 후 간장과 당류를 첨가하여 서서히 끓여 걸죽하게 조리한다.

5) 찌기

증기를 이용하여 조리하는 방법을 찌기(Steaming; Cuire a' la vapeur)라 한다. 식품 고유의 맛을 유지할 수 있으며, 생선, 육류, 채소에 사용한다. 영양소 손실이 가장 적은 조리법이다.

(2) 유지함유 건열조리

1) 볶기

프라이팬에 기름이나 지방을 약간 넣고 뜨거울 때 작게 자른 재료를 넣어 이리저리 튀도록 뒤적인다(팬을 흔들거나 주걱 또는 비슷한 조리 기구를 사용). 얇게 슬라이스 하여 작게 자른 부드러운 식육에 적합한 조리법이다.

2) 팬 프라잉

지방이나 기름을 약간(보통 3~12mm 깊이) 넣고 가열한 후, 반죽이나 가루를 입힌 식육을 넣어 뚜껑을 덮지 않는 조리법을 팬 프라잉(Pan Frying; Sauter)이라 한다. 얇게 썬 부드러운 부위에 적합한 방법이며, 항상 소스를 곁들인다.

3) 튀김

식재료에 가루나 반죽을 코팅하여 고온의 기름이나 지방에 재료가 잠길 정도로 넣고 튀겨내는 조리방법을 튀김(Deep Frying; Frire)이라 한다. 바싹하고 고소한 맛을 낸다.

(3) 건열조리

1) 직화구이

가스불꽃이나 전기전극에 직접 가열하여 단시간에 조리하는 방법으로 직화구이(Broiling, Grilling)라 한다. 식육을 열원 위나 아래에 놓을 수 있으며, 육류와 생선 요리에 많이 사용하고 조리법으로 열원에 따른 특유의 향을 가미하는 장점이 있다.

2) 그라탕

요리의 윗면에 치즈, 달걀, 버터, 빵가루 등을 뿌려서 살라멘더 또는 오븐을 이용하여 갈색이 날 때까지 조리하는 방법으로 그라탕(Gratinating; Gratiner)이라 한다. 수프, 생선, 파스타 요리에 많이 사용한다.

3) 오븐 통구이

뚜껑을 덮지 않고 오븐 안에 갇힌 뜨거운 공기로 조리하는 방법을 오븐 통구이(Roasting; Rotir)라 한다. 불 위에서 막대에 꿰어 돌려가며 로스팅할 수 있다. 황금갈색으로 익히고 밖은 바싹하고 안은 촉촉한 식감을 나타내야 로스팅이 잘 된 것이다.

4) 바비큐

불을 붙인 숯탄이나 가스불꽃 위의 석쇠에 식육을 얹거나 꼬챙이에 꿰어 굽는 방법을 바비큐(Barbecuing)라 한다. 친목행사나 가족 모임 등의 행사를 할 때, 야외에서 바비큐를 즐기면 더욱 분위기가 좋다. 숯불 위에 큰 꼬챙이를 설치한 통바비큐 기계에 통돼지나 통양구이 등을 돌려가며 익혀 조리하기도 한다.

3 기본 조리 준비과정

기본 조리 준비과정(Mise en Place)이란 조리에 필요한 식재료 및 조리도구와 기기를 작업 전에 준비하는 단계를 말한다. 주방업무를 효율적, 능률적으로 수행할 수 있는 최소 기본요건이다. 기본 조리 준비는 업무에 대한 내용을 완전히 파악한 후, 정확하게 사전 준비하는 과정이다. 구체적으로 그 날 작업에 필요한 기본적인 식재료, 메뉴에 맞는 조리기구와 도구들을 쓰기 편한 위치에 준비해 놓는 것으로 실제로 조리가 시작되기 전에 모든 준비과정을 완결한다.

(1) 기본 조리 준비과정의 목적

'실제로 조리가 시작되기 전에 모든 준비과정을 완결하는 것'으로도 조리과정은 단순화되고 주문에 따른 음식제공의 속도 및 절차가 무리 없이 이루어질 수 있다. 따라서 업무가 시작되기 전에 조리사는 완전히 조리 준비 작업이 끝났는가를 점검할 수 있는 충분한 시간을 가져야 할 필요가 있다. 사전에 여유 있는 출근으로 조리 준비 작업이 끝났는지 확인해야 한다. 선진 주방 시스템을 운영하는 호텔이나 외식업체에서는 기본 조리 준비과정 매뉴얼을 도식화하여 신입조리사의 교육용으로 활용하기도 한다.

(2) 기본 조리 준비과정의 필요성

요리를 만들 수 있는 기본 조리 준비과정이 완벽히 이루어지면 요리는 이미 절반은 완료되었다고 볼 수 있을 만큼 업무를 효율적, 능률적으로 수행하는 최소 기본요건이다. 기본 조리 준비과정은 큰 규모의 주방에서부터 작은 주방에도 해당되며, 조리사 개개인의 능력이 한눈에 평가될 수 있는 방법이기도 하다. 특히 주방에서 여러 부문의 조리사들의 작업을 주시하면 정확한 조리 작업 준비와 관련해서 업무를 조직적으로 쉽게 소화해내는 능력을 가진 조리사를 발견할 수 있다.

예를 들면 혼자하기 어려운 일을 도움을 청하지도 않아도 스스로 쉽게 해결하는 조리사가 있는 반면, 처음부터 마무리까지 다른 사람의 도움을 받는 조리사도 있다. 첫 번째 예의 조리사들은 기본 조리 준비과정을 완벽히 하는 사람으로, 다른 사람의 도움이 필요 없는 사람이다. 이런 조리사는 조리 업무 수행 시 책임감이 투철하고 업무 수행 능력이 탁월하며, 능률 또한 높아 경영진의 인정을 받는다. 그와 반대로 주방에서 작업을 하다보면 작업 도중에 '아무개야! ○○를 가져다오' 혹은 '도와 달라'라는 말을 습관적으로 하는 조리사는 기본 조리 준비과정 없이 즉흥적으로 업무를 하는 사람이다. 이러한 조리사는 기본 조리 준비과정을 철저히 이행하는 조리사에 비해 업무강도 및 능률이 떨어지기 마련이다.

모든 조리사들은 자기가 맡은 업무에 대한 기본 조리 준비과정이 존재하기 마련이다. 조리장에서 하부직원까지 지위고하를 막론하고 완벽한 조리 상품 생산을 위한 기본 조리 준비과정은 주방운영을 위해서는 절대적으로 필요하다.

(3) 기본 조리 준비과정

1) 업무 시작 절차

· 해당 주방의 출입 열쇠를 안전실에서 수령하여 주방을 오픈한다.
· 전원 및 모든 가스기구, 스팀 등 스위치를 켠다.
· 냉장고, 냉동고의 전원을 확인한다.
· 작업 테이블을 닦고 도마 및 칼, 소도구를 각각 위치에 정렬한다.

- 각종 조리기물(냄비, 프라이팬, 포트)을 적재적소에 배치한다.
- 모든 양념, 허브류 등을 사용위치에 준비한다.
- 예약사항과 특이사항을 파악하고, 해동할 식재료를 해동한다.
- 기본 조리 재료를 준비한다(스톡, 소스 등).
- 자재과에서 물품의 청구와 식재료를 수령한다.
- 근무교대조가 업무에 불편하지 않게 준비하여 배려한다.

2) 업무 종료 절차

- 전원 및 모든 가스기구, 스팀 등 스위치를 끈다.
- 사용한 도마 및 소도구를 세척하여 소독 후, 원위치 한다.
- 작업 테이블을 닦고 사용한 조리 도구는 세척 후, 물기를 제거하여 보관 장소에 둔다.
- 각종 조리기물(냄비, 프라이팬, 포트)을 적재적소에 배치한다.
- 모든 양념, 허브류 등을 담았던 통은 세척 후, 냉장고에 보관한다.
- 칼 등의 위험도구, 고가의 기구, 기기들은 열쇠로 잠가 보관한다.
- 스톡, 소스 등 사용하고 남은 식재료는 반드시 차가운 물에 식혀 뚜껑을 덮은 후 냉장 보관한다.
- 오염된 행주 및 린넨류는 정리 후 세탁한다.
- 쓰레기는 밖의 쓰레기장에 버리고 쓰레기통은 깨끗이 세제로 닦아 엎어 놓는다.
- 마지막 점검자는 항상 한 번 더 확인하는 습관을 가진다.
- 해당 주방의 열쇠를 퇴근점검표에 사인하고 안전실에 반납 후 퇴근한다.

(4) 기본적인 지속적 배치

서양요리를 생산하는 주방에서는 조리작업이 순조롭게 진행될 수 있도록 준비 근무조는 항상 긴장하며, 철저히 준비해야 한다.

[표 8-2] 지속적인 기본 배치 사항

순서	준비형태	준비재료 및 기구	설명
1	가공이 필요하지 않은 재료 준비	기름, 식초, 소금, 후추, 향료, 밀가루, 녹말, 포도주, 치즈가루, 꼬냑	전혀 가공이 필요하지 않은 재료로 오일류, 조미료, 양념종류
2	손질이 필요한 재료 준비	다진 양파, 마늘, 달걀 풀어 놓은 것, 장식용 허브, 고명	1차 가공 필요

순서	준비형태	준비재료 및 기구	설명
3	도구 및 용기 준비	스푼, 젓가락, 집게, 계량도구, 달걀슬라이서, 여과기, 필러	조리작업에 필요한 조리 소도구를 준비
4	용기통 준비	주걱, 국자, 거품 제거 국자, 쿠킹스푼 등 물이 담긴 통	항상 준비되어야 하는 것

참고 조리사의 필수지침

음식을 조리할 때 가장 중요한 목적 중에 하나는 맛있는 음식의 생산이다. 두 번째로 중요한 것은 음식의 연출이다. 완성된 음식을 어떤 환경에서, 어떤 그릇에, 어떤 모양으로 담는가에 따라 음식이 다가오는 느낌은 확연히 다르다.

맛 (Taste)	안전하고 적합한 양념이어야 한다. (Proper seasoning)
	기본과 기초에 충실한 조리여야 한다. (Execution of basic fundamentals)
	일관성 있게 조리해야 한다. (Consistency)
	신선한 식재료의 사용으로 최고품질의 요리를 만들어야 한다. (Freshness and quality of the product)
음식의 연출 (Presentation)	알맞은 용기에 적당한 양을 담는다. (Portion size)
	적당한 장소에 적절히 배치해야 한다. (Proper food placement or arrangement)
	같은 색, 같은 조리, 같은 배열은 피한다. (Avoid repetition of same color, methods of Preparation)
적합한 조리 (Proper cooking)	소고기 스테이크는 고객의 요구에 따라 조리한다. (Red meats cooked as ordered)
	흰살 육류, 생선, 가금류는 완전히 익히고, 고기의 즙이 있어야 한다. (White maet be fully cooked and have the Juice in meat)
	혼합열로 조리한 고기(브레이징, 스튜)는 완전히 익히고 질기지 않아야 하며, 육질이 건조해서는 안 된다. (Fully cooked, tender not dried out)

적합한 조리 **(Proper** **cooking)**	녹색 채소는 선명하고 밝은 녹색을 띠게 조리한다. (Green vegetables bright)
	감자류는 덩어리가 지거나 풀어져서는 안 된다. (Variations of potato purees, not lumpy or gluey)
온도 **(Temperature)**	뜨거운 음식은 뜨거운 접시에 담아 항상 뜨겁게 제공한다. (Hot food is hot)
	차가운 음식은 차가운 접시에 담아 항상 차갑게 제공한다. (Cold food is cold)

조리 작업 시 필수 사항은 다음과 같다.

① 항상 제철에 나는 음식을 이용한다.
② 모든 접시와 원형 접시는 대조적으로 공급되어야 한다.

- 조리 시 한가지 녹색 채소와 다른 색을 함유한 채소를 사용한다.

- 음식 조리 시 동일한 조리방법은 피한다.

- 접시 안에 같은 모양의 조화는 피하고, 같은 접시에 너무 많은 채소를 담지 않는다.

- 음식을 씹을 때 각기 다른 질감(Textures)의 음식을 제공한다.

- 요리의 전체적인 향은 유지하되, 같은 허브(Herb)나 향신료(Spice)의 사용을 피한다. 한 접시에 마늘, 샬롯, 허브가 모두 들어 있지 않도록 향료와 양념 (Flavorings or Seasoning)의 사용에 주의한다.

③ 곁들임은 앙트레의 조화가 되어야 한다.

- 동일한 소스를 중복하여 사용하지 않는다.

- 전분음식은 중복하여 제공하지 않는다.

- 주요리보다 향이 강한 부속물의 제공은 피한다.

4 조리 계량 및 온도

(1) 계량법

　정확한 계량은 재료를 경제적으로 사용하고 과학적인 조리를 할 수 있는 기본이 된다. 정확한 측정은 조리법에서 필수 요소이다. 실제로 음식을 만들 때 정확성이 요구되므로 조작 상 손쉽게 다룰 수 있는 저울, 계량스푼, 온도계 등이 사용된다. 식재료의 계량에는 산출, 용량, 무게의 세 가지 측정규정 중 한 가지를 사용하여 측정한다. 산출은 개, 묶음, 축, 등 각각의 품목들이 정해진 기준에 처리되며, 명확하고 편리한 측정법이다. 용량은 고체, 액체, 가스가 차지하는 공간을 측정하는 방법으로 국자나 계량컵 등을 사용한다. 부피 측정은 액체를 측정하기에 좋은 방법이고, 무게는 반죽, 고체, 액체를 측정하는 방법이다. 식재료 중에 무정형의 고체로 된 것은 중량으로, 가루나 액체로 되어 있는 것은 체적으로 측정하는 것이 가장 좋다. 밀가루는 체에 쳐서 가볍게 계량컵에 담는다. 설탕, 소금, 베이킹파우더 등의 마른 재료를 잴 때에도 덩어리를 없게 하여 가볍게 담고 누르거나 흔들지 말아야 한다. 버터나 마가린 유지도 꼭꼭 눌러 담으며 모든 식재료는 계량컵에 담은 후, 스패튤러와 같이 직선으로 평평하게 된 기구로 깎아 계량한다.

• 계량 단위 약자 및 계량 단위 환산 비교

1큰술(Table spoon) - 3작은술(tea spoon)	1온스(Ounce, OZ) - 28.35g
1큰술(Table spoon Tbsp) - 5cc - 15g	1온스(Ounce, OZ) - 2큰술(Table spoon)
1작은술(tea spoon) - 5cc - 5g	1파운드(Pound, LB) - 454g
1컵(Cup, C) - 16큰술(Table spoon)	1파운드(Pound, LB) - 2컵(Cup C)
1컵(Cup, C) - 8온스(Ounce)	1리터(Liter, ℓ) - 1000cc

(2) 온도와 열량

1) 온도

모든 식품을 익히는 조리과정에서 열은 필수요소이다. 열의 강도(intensity)는 식품 자체나 조리수의 분자가 움직이는 정도를 말하는데, 열원이 무엇이든지 열의 강도는 온도계로 측정된다. 어떤 물체의 차고 뜨거운 정도를 수치로 나타낸 것을 온도라 부르며, 온도를 측정하는 방법은 보통 조리과정에서는 섭씨(celsius or centigrade)와 화씨(Fahrenheit)가 흔히 쓰인다. 과학 목적으로 사용하는 절대온도(kelvin)도 있다.

섭씨는 라틴어 centum(hundred)과 grade(step)에서 유래된 것으로, 스웨덴의 천문학자 셀시우스(A·Celsius)가 논문에서 물의 끓는점을 100℃로 하고 물의 어는점을 0℃로 하여 그 사이를 100등분한 것이다.

화씨는 독일의 물리학자 파렌헤잇(Daniel Gabriel Fahrenheit)의 이름을 따서 명명한 것으로, 물의 어는점을 32°F로 하고 끓는점을 212°F로 하여 그 사이를 180등분한 것이다. 미국이나 유럽에서는 화씨를 많이 사용한다.

우리나라에서 제조된 조리장비의 온도를 측정하는 눈금은 섭씨로 표기된 것이 많으나, 외국에서 수입한 장비는 화씨온도로 된 것이 많이 있기 때문에 섭씨와 화씨온도의 계산법을 숙지하는 것이 필요하다.

- 섭씨, 화씨온도 계산법

$$℃ = (°F - 32) \times \frac{5}{9} \qquad °F = ℃ \times \frac{5}{9} + 32$$

℃: Centigrade, °F: Fahrenheit=Degree

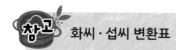 화씨·섭씨 변환표

−40℉=−40℃	120℉=49℃	320℉=160℃
−30℉=−34℃	125℉=52℃	330℉=166℃
−20℉=−29℃	130℉=54℃	340℉=171℃
−10℉=−23℃	135℉=57℃	350℉=177℃
−5℉=−21℃	140℉=60℃	360℉=182℃
0℉=−18℃	145℉=63℃	370℉=188℃
5℉=−15℃	150℉=66℃	380℉=193℃
10℉=−12℃	155℉=68℃	390℉=199℃
15℉=−9℃	160℉=71℃	400℉=204℃
20℉=−6℃	165℉=74℃	410℉=210℃
25℉=−4℃	170℉=77℃	420℉=216℃
30℉=−1℃	175℉=79℃	430℉=221℃
32℉=0℃	180℉=82℃	440℉=227℃
35℉=2℃	185℉=85℃	450℉=232℃
40℉=4℃	190℉=88℃	460℉=238℃
45℉=7℃	195℉=91℃	470℉=243℃
50℉=10℃	200℉=93℃	480℉=249℃
55℉=13℃	205℉=96℃	490℉=254℃
60℉=16℃	210℉=99℃	500℉=260℃
65℉=18℃	212℉=100℃	510℉=266℃
70℉=21℃	220℉=104℃	520℉=271℃
75℉=24℃	230℉=110℃	530℉=277℃
80℉=27℃	240℉=116℃	540℉=282℃
85℉=29℃	250℉=121℃	550℉=288℃
90℉=32℃	260℉=127℃	560℉=293℃
95℉=35℃	270℉=132℃	570℉=299℃
100℉=38℃	280℉=137℃	580℉=304℃
105℉=41℃	290℉=143℃	590℉=310℃
110℉=43℃	300℉=149℃	600℉=316℃
115℉=46℃	310℉=154℃	

2) 열량의 단위

열은 어떤 물체의 온도를 높이거나 상태를 변화시키는 에너지의 한 종류
이다. 열에너지는 온도가 높은 곳에서 낮은 곳으로 이동하며 온도가 같아지
면 더 이상 변화가 없다. 열량은 온도를 변화시킬 수 있는 에너지의 양을 말
한다. 어떤 물질을 가열할 때 소요되는 열량은 그 물질을 구성하고 있는 분
자가 동요되는 정도(온도)에 의한 것이 아니라, 움직이는 분자의 수에 따라 결
정된다. 한 비커에 물 1컵을 넣고 또 다른 비커에는 1갤런(gallon)의 물을 넣고
끓일 때, 두 경우에 있어서 열의 강도는 같다. 그러나 소요되는 열량은 1갤런
의 물을 끓일 때가 더 크다. 열량을 나타내는 단위는 칼로리(calorie), 줄(joule),
Btu(British thermal unit) 3가지가 있다.

① 칼로리

1칼로리는 물 1g을 1℃(14.5℃ → 15.5℃) 상승시키는 데 필요한 에너지의 양
을 의미하며 대칼로리는 1kg의 물을 1℃ 올리는 데 필요한 에너지의 양이다.
식품의 에너지 값을 표시할 때에는 주로 대칼로리(kcal)를 사용한다. 1kcal는
1,000cal이고 일반적으로 탄수화물은 4kcal, 지방은 9kcal, 단백질은 4kcal
이다.

② 줄

줄(joule)은 미터법(msg 단위)에 의한 열량의 단위인데, 식품의 열량단위는 칼
로리 대신 줄 혹은 킬로줄(kilo joule)을 권장하고 있으며, Btu를 줄로 대치하
려하고 있다. 1kcal는 4.184kilo-joule이다.

③ Btu

1Btu(British thermal unit)는 1파운드의 물을 63°F에서 64°F까지 1°F 상승시
키는 데 필요한 에너지의 양으로, 이 단위는 연료의 잠재열량을 표시할 때 사
용한다.

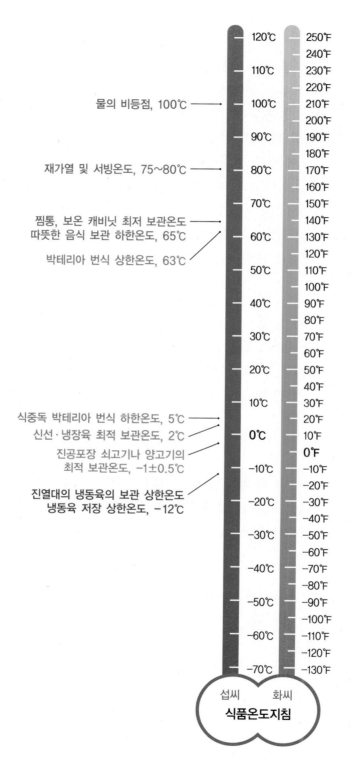

물의 비등점, 100℃ — 100℃

재가열 및 서빙온도, 75~80℃ — 80℃

찜통, 보온 캐비닛 최저 보관온도
따뜻한 음식 보관 하한온도, 65℃

박테리아 번식 상한온도, 63℃

식중독 박테리아 번식 하한온도, 5℃
신선·냉장육 최적 보관온도, 2℃
진공포장 쇠고기나 양고기의
최적 보관온도, −1±0.5℃

진열대의 냉동육의 보관 상한온도
냉동육 저장 상한온도, −12℃

섭씨   화씨
식품온도지침

[그림 8-2] 식품안전온도계

5 기본 채소 썰기

다져 썰기(Chop)

1mm 두께로 곱게 저미는 것

깍둑 썰기(Cube)

가로, 세로 1.5cm의 주사위형

막대 썰기(Batonet)

가로, 세로 0.5cm 길이 5cm 막대형

골패 썰기(Russe)

두께 5mm, 길이 5cm로 써는 것

채 썰기(Slice)

두께 0.2cm로 가늘게 써는 것

은행잎 썰기(Fermiere)

원형 채소를 4등분으로 써는 것

둥글(통) 썰기(Round Slice)

둥근 채소를 0.2cm 두께로 써는 것

나박 썰기(Paysanne)

가로, 세로 1cm로 얇게 써는 것 혹은 삼각형이나 장방형으로 써는 것

마름모 썰기(Printanier)

가로, 세로 3.5mm의 주사위형 또는 가로, 세로 1cm의 다이아몬드형

부채꼴 썰기(Wedge)

부채꼴모양으로 써는 것

성냥개비 썰기(Julienne)

5cm 길이로 가늘고 길게 써는 것

어슷 썰기(Diagonal)

오이 같은 동그란 채소를 약간 비스듬히 써는 모양

올리브 모양 깎기
(Olivette)

작은 올리브 모양

성곽 모양 깎기
(Chateau)

6cm 길이의 8각 타원형

구슬 모양 깎기
(Parisienne)

둥근 반원의 구슬형

해면 모양 깎기
(Vichy)

둥근 채소를 0.7cm 두께로 썰어 모서리 앞뒤를 경사지게 다듬는 것

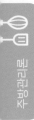

6 향신료

(1) 향신료

향신료의 개요는 '푸른 풀'이라는 뜻을 갖고 있는 라틴어 Herba에서 비롯되었다. 고대에서 Herb는 향과 약초만을 일컫는 단어였지만, 현대에 들어서 약, 요리, 살균, 살충 등에 사용되는 식물 전부를 의미하게 되었다. 일반적으로 향신료는 스파이스(Spices)와 허브(Herb)로 나뉜다.

스파이스는 방향성 식물의 열매, 종자, 싹, 줄기, 뿌리, 껍질, 과실의 핵 등 단단하며 건조한 것을 사용하므로 보관 중에 향을 잃는다. **허브**는 방향성 식품의 잎, 꽃, 종자 등 비교적 신선하고 부드러운 부분이며, 그대로 사용하거나 건조해서 사용한다. 보통 생 향신료(Fresh spice)나 분말건조 향신료(Dried ground spice)는 요리의 마지막 단계에서 사용하고, 통건조 향신료(Whole dried spice)는 처음부터 사용하여 충분히 향을 우려낸다. 많은 식물 중에서 향신료에 속하는 식물의 공통된 특징은 꽃봉오리의 크기가 다른 식물과 비교해 매우 작기 때문에 벌이 잘 날아들지 않는다는 점이다. 그래서 강한 향을 발산하여 멀리 있는 벌을 유혹, 종족을 번식시킨다. 이러한 향을 발하는 물질은 필수지방산의 일종인 에테릭(Etheric) 오일이며, 휘발성이 강하기 때문에 따뜻한 곳, 습한 곳, 공기 중에 방치하면 쉽게 향을 잃게 된다.

향신료를 사용할 때 한 음식에 여러 가지 향신료를 복합적으로 혼합하여 사용하는 것이 보통이며, 이때 한 가지 향이 짙게 나는 것보다 여러 향이 잘 조화를 이루도록 한다. 사용한 허브의 향이 짙게 나야 하는 요리에는 요리가 거의 끝날 무렵에 사용하는 것이 좋다. 사용하고 난 향신료는 밀폐된 용기에 넣어서 냉암소에 보관한다.

허브는 씻으면 잎이 상하거나 향이 약해지기 때문에 씻지 않고 사용하는 편이 좋다.

(2) 허브 취급 방법

1) 씻기 전, 상태 확인하기

잎과 줄기를 보고 상태를 확인하고 농약의 유무, 재배상황을 확인하는 것이 좋다. 오염이 됐으면 세척하지만, 물에 씻는 것이 적당하지 않는 허브는 씻으면 상처가 나서 형태가 변하므로 원칙적으로 씻지 않는다. 특히 물에 약한 허브를 물에 담그면 잎이 검게 변하기 때문에 씻으면 안 된다(바질과 같이 잎이 큰 허브, 꽃). 사용 용도에 따라 소스, 시럽, 허브티, 허브 오일용으로 사용하는 허브는 향이 사라지지 않도록 하기 위해 물로 씻지 않는다.

2) 씻는 방법

- 물에 담가 누르면서 씻는다(적용허브: 줄기 잎이 튼튼한 허브로 타임, 로즈마리, 세이지 등).
- 손으로 만지지 말고 물에 담근다(적용허브: 잎이 손상되기 쉬운 허브로 에스타라곤, 오레가노, 코리엔더 등).
- 잎을 씻는다(적용허브: 그다지 손상되지 않는 허브로 민트류 등).

3) 허브의 향을 내는 방법

- 손가락으로 꺾으면서 비빈다.
- 손바닥으로 좁혀서 비빈다.
- 미지근한 철판에서 따뜻하게 한다.
- 잘게 썬다.

4) 허브 오일 만드는 방법

① 알맞은 오일

순도가 높고, 향이 적은 오일이 좋다. 엑스트라 버진 올리브 오일을 사용할 경우, 아로마 풍미가 맛의 베이스에 스며들어 향과 맛이 좋다. 향이 강한 허브에는 땅콩오일이 잘 어울린다.

② 알맞은 허브

타임, 에스타라곤, 로즈마리, 코리엔다 등 향기가 강한 허브가 적당하다. 어떤 허브를 사용하던지 중요한 것은 향이 강한 허브를 사용해야 하며, 새싹과 자라는 잎은 알맞지 않다. 개화기의 열매, 잎, 꽃을 딴 시기에 담그면 좋다.

③ 분량

500cc 오일에 20~30g의 허브(가지나 줄기마디)를 사용하는 것이 좋다. 잎의 향기의 자질에 따라서 가감한다. 꽃이나 열매의 시기라면 조금 적은 듯하게, 향기가 적은 시기라면 조금 많은 듯 하게 한다.

5) 허브 오일 만드는 순서

① 허브는 씻지 않는 것이 원칙이나 씻어야 할 경우는 힘껏 씻지 않고 완전히 물기를 제거한 후 사용한다. 수분이 오일에 섞이면 부패의 원인이 된다.

② 멸균소독해서 완전히 건조시킨 병에 오일을 넣고 잎을 손으로 가볍게 문지르고 향기가 나게 한 후 담근다. 냉장고에 2주간 넣고, 1일 1회 병을 흔들어준다.

③ 얇은 천으로 거르고 병에 옮긴다. 옮긴 후 라벨을 붙여 이름을 표시한다.

6) 허브의 이용

허브는 각 나라마다 요리에 따라 사용하는 종류가 다르다. 중동이나 그리스에서는 오레가노, 민트, 딜을 양고기 요리에 주로 사용한다. 태국에서는 코리엔더 잎을 거의 모든 요리에 사용하고, 닭고기나 생선요리에는 레몬그라스를 많이 사용한다. 영국에서는 돼지고기의 풍미를 위해 세이지를 쓰고 세이지더비치즈를 즐겨 먹고, 구운 양고기에는 대부분 민트소스를 곁들인다. 딜은 중요한 향신료로서 스칸디나비아에서는 생선요리에 러시아와 덴마크에서는 수프에 향을 더하고, 미국에서는 오이피클에 이용한다. 이탈리아에서는 양고기 요리에 로즈마리와 토마토와 바질을 섞어 이용한다. 프랑스에서는 타라곤을 생선요리에 사용하는데 펜넬을 넣어 음식의 맛과 향을 더한다. 프로방스 지방의 허브들은 자극적인 향으로 유명한데, 그 지방의 풍부한 일조량과 좋은 토양에서 기인된다. 타임, 마조람, 타라곤, 쥬니퍼, 라벤더, 월계수잎, 로즈마리,

펜넬 등이 주로 재배된다. 허브는 하나하나의 독특한 향을 음식에 가미하여 즐기기도 하고 여러 가지 허브를 함께 사용하기도 한다. 그러나 강한 풍미의 허브는 조금만 사용해야 음식의 맛을 살릴 수 있다.

허브는 신선한 상태뿐만 아니라 말린 상태로도 많이 사용한다. 파슬리, 바질, 펜넬, 마조람, 타임 등은 주로 말려서 병에 담아 창가에 둔다. 말린 허브는 수분이 농축되어 있으므로 신선한 허브보다 양을 적게 사용한다. 신선한 허브를 1테이블스푼으로 넣는다면 말린 허브는 1티스푼을 사용한다. 프랑스 요리를 준비할 때는 부케가르니를 많이 이용하는데, 이것은 허브를 끈으로 묶거나 치즈를 만드는 무명 주머니에 넣어 만든다. 각종 소스나 스튜 및 주요리에도 사용하며, 음식이 다 조리되면 제거해서 깨끗하게 제공한다.

7) 허브의 보관

신선한 허브를 보관할 때는 종이타월로 각각 싸서 플라스틱 통에 넣어 냉장고의 채소보관실에 보관한다. 허브를 말릴 때는 허브의 향이 오래갈 수 있도록 각각 집어서 조심스레 빛이 들지 않는 따뜻한 방에 걸어두고 말리거나 오븐에 약간 익혀 말린다. 종이타월에 싸서 빛이 들지 않는 서늘한 곳에 저장한다. 말린 허브는 시간이 흐를수록 풍미나 향을 잃으므로 주의한다. 허브의 보관 방법은 다음과 같다.

- 비닐 팩에 포장하여 습도 80%, 4~8℃에서 보관한다.
- 병에 넣어 4~8℃에서 보관한다.
- 오일을 첨가하여 저장하여 보관한다.
- 잘게 다져 소금에 절여 보관한다.
- 냉동 보관한다.
- 그늘에 건조하여 보관한다.

8) 허브의 종류

바질(Basil)
원산지: 동아시아, 중앙 유럽
용도: 생선, 토마토
특징: 옅은 신맛이 나고, 달콤
하며 향이 강하다.

처빌(Chervil)
원산지: 러시아, 중동
용도: 수프, 샐러드, 양고기
특징: 소나무 모양의 정원초
로 순한 파슬리 향이 난다.

차이브(Chive)
원산지: 유럽, 러시아, 일본
용도: 샐러드, 생선, 수프
특징: 부추과의 관 모양의
정원초로, 주로 다지거나
요리의 가니쉬로 사용한다.

타라곤(Tarragon)
원산지: 유럽, 러시아
용도: 닭, 생선, 토마토
특징: 달콤한 향과 매콤하면
서 쌉쌀한 맛이 나고, 프랑스
요리에 많이 사용한다.

펜넬(Fennel)
원산지: 이탈리아, 프랑스
용도: 소스, 피클, 생선
특징: 당근잎 모양이며 부향
제로 쓰이고, 생선과 육류의
냄새를 없애는 데 사용한다.

월계수(Laurel, Bay Leaf)
원산지: 지중해 연안
용도: 수프, 소스, 토마토
특징: 생잎은 쓴맛이 나고, 건
조한 것은 달고 강한 독특한
향이 난다. 서양요리의 필수
허브이다.

민트(Mint)
원산지: 유럽, 미국
용도: 양고기, 소스, 아이스크
림
특징: 요리의 부향제로 많이
사용하며, 동양종과 서양종으
로 구분한다.

오레가노(Oregano)
원산지: 멕시코, 이탈리아, 미국
용도: 피자, 파스타, 멕시코요리
특징: 박하과의 한 종류로 방
향성이 강하고 상쾌한 맛이
난다.

타임(Thyme)
원산지: 지중해 연안, 프랑스
용도: 소시지, 가금류, 토마토
특징: 요리의 부향제, 식품의
보존제, 방부제로 사용하며,
서양요리의 대표적인 허브이다.

소럴(Sorrel)

원산지: 유럽, 아시아
용도: 샐러드, 소스, 소시지
특징: 시금치를 닮은 독특한 신 맛이 나고, 프랑스요리에서는 샐러드와 드레싱으로 사용한다.

파슬리(Parsley)

원산지: 지중해 연안국
용도: 요리 가니쉬, 수프
특징: 잎과 꽃술에 휘발성 오일을 함유하고 있어 향을 발산·건조하면 향이 없어진다.

로즈마리(Rosemary)

원산지: 지중해 연안
용도: 육류, 가금류, 스튜
특징: 솔잎을 닮았으며 은녹색이고, 이탈리아요리에 많이 사용한다.

세이지(Sage)

원산지: 지중해 연안
용도: 스터핑, 가금류, 토마토
특징: 육류의 지방을 중화시켜 고기 구울 때 사용하고, 차로 이용한다.

부케 가르니(Bouquet Garni)

용도: 소스, 스톡
특징: 말린 타임, 월계수잎, 파슬리의 채소 등을 실로 묶어 스톡이나 소스에 향을 내기 위해 사용한다.

다진 허브(Fine Herbs)

용도: 소스, 이탈리아·프랑스 요리
특징: 잎이 작고 연한 향초로, 다져서 사용하기 편한 여러 가지 허브이다.

딜(Dill)

원산지: 남부유럽, 서아시아
용도: 닭, 양, 생선, 채소(피클)
특징: 서양요리의 대표적 허브로 잎과 줄기 전부를 사용하며, 특히 피클에서는 빼놓을 수 없는 허브이다.

이탈리아 파슬리(Italy Parsley)

원산지: 이탈리아
용도: 요리 가니쉬, 수프
특징: 잎과 꽃술에 휘발성 기름을 함유하고 있어 향을 발산 건조하면 향이 없어진다.

애플민트(Apple Mint)

원산지: 유럽
용도: 육류, 생선, 달걀, 허브차
특징: 사과에서 나는 듯 한 향기가 나며 요리나 향기 보존용으로 사용한다.

레몬밤(Lemon Balm)

원산지: 유럽 남부
용도: 육류, 생선, 수프
특징: 레몬과 유사한 향. 샐러드나 수프, 소스, 오믈렛, 육류, 생선요리 등의 맛을 내는 데 사용한다.

라벤더(Lavender)

원산지: 지중해 연안
용도: 향료
특징: 주로 요리의 향을 내는 데 사용한다.

파인애플 민트(Pineapple Mint)

원산지: 유라시아, 아프리카, 지중해
용도: 젤리, 캔디, 디저트
특징: 어린 잎을 차, 젤리, 캔디, 디저트 등에 사용한다.

케모마일(Chamomile)

원산지: 유럽, 북아프리카, 북아시아
용도: 차
특징: 달콤하고 상쾌한 사과 향을 지녔다.

스테비아(Stevia)

원산지: 파라과이
용도: 감미제, 차
특징: 차를 만들어 마시거나 껌 대용이며, 청량음료의 감미료로 사용한다.

체리세이지(Cherry Sage)

원산지: 남미
용도: 돼지고기, 가금류, 포스미트
특징: 육류의 지방을 중화시켜 고기 구울 때 사용하고, 신경 안정제로도 사용한다.

9) 스파이스(Spice)의 종류

케이퍼(Caper)

원산지: 지중해, 이탈리아
용도: 훈제연어, 소스
특징: 케이퍼 잡목의 꽃봉오리의 식초절임으로 사용한다.

케이퍼 베리(Caper Berry)

원산지: 지중해 연안
용도: 절임, 타파스
특징: 절임상태로 올리브와 같이 타파스에 활용. 고기, 생선 등에 곁들여 먹거나 샐러드에 사용한다.

캐러웨이(Caraway Seed)

원산지: 아시아, 히말라야
용도: 보리빵, 스튜, 쿠키
특징: 2년생 초본식물로 씨앗은 회갈색이며, 크기는 0.3Cm 정도이다.

정향(Clove)

원산지: 인도네시아
용도: 절임, 스튜, 피클
특징: 선홍색의 꽃봉오리를
대나무로 따서 불이나 햇볕에
서 말려서 사용한다.

코리엔더(Coriander)

원산지: 지중해, 프랑스
용도: 절임, 소시지, 커리
특징: 파슬리과로 크기는 후
추콩과 비슷하며, 외부에 주
름이 있고 적갈색이다.

커민(Cumin Seed)

원산지: 이란, 모로코
용도: 치즈, 소시지, 피클
특징: 커리 파우더와 칠리 파
우더에 사용한다.

펜넬(Fennel Seed)

원산지: 이탈리아
용도: 이탈리아 음식
특징: 당근과로 독특한 향이
있으며, 줄기는 샐러드에 사
용한다.

주니퍼베리(Juniper Berry)

원산지: 이탈리아, 루마니아
용도: 사워크라웃, 피클
특징: 삼나무과로 완두콩 크
기의 검푸른 열매이다.

넛맥(Nutmeg, Mace)

원산지: 인도네시아 몰로카섬
용도: 감자요리, 스튜, 수프
특징: 넛맥은 열매의 핵이나
씨를 말하고, 달콤하며 향이
있다.

파프리카(Paprika, Sautoir)

원산지: 중앙 아메리카
용도: 헝가리 음식, 소스
특징: 매운맛과 색깔을 내기
위해 사용한다.

칠리(Chilli)

원산지: 열대 아메리카, 일본
용도: 타바스코 소스, 피클
특징: 선홍색이고 크기, 모양,
맛이 다양하다.

카옌 고추(Cayenne Pepper)

원산지: 열대 아메리카
용도: 소스, 달걀, 드레싱
특징: 햇볕에 말려 가루로 사
용한다.

후추(Pepper)

원산지: 보르네오, 자바섬
용도: 수프, 육류, 소스
특징: 흑후추는 덜 익은 열매
이고, 완전히 익은 후추를 말
려 외피를 벗긴 것이 흰 후추
이다.

붉은 후추(Pink Pepper)

원산지: 보르네오, 자바 섬
용도: 수프, 육류, 소스
특징: 후추는 완전히 익으면
붉은색을 띤다.

홀스래디쉬(Horseradish)

원산지: 중앙유럽, 아시아
용도: 소스, 생선, 육류
특징: 겨자 과의 초본식물로
뿌리의 내부는 회색을 띤 흰
색이며, 매우 강하고 얼얼한
맛이 난다.

사프란(Saffron)

원산지: 아시아, 스페인
용도: 소스, 쌀요리, 수프
특징: 꽃의 수술을 따서 말린
것으로 노란색을 띠며, 맛은
순하고 씁쓸하며 단맛이 난다.

이탈리아 고추(Peperoncino)

원산지: 지중해 연안
용도: 타바스코 소스, 피클
특징: 붉은색이고 매운 맛이
강하다.

커리가루(Curry Powder)

원산지: 인도
용도: 소스, 쌀요리, 채소, 닭
특징: 노란색으로 달콤하며
혼합이 잘되고, 순한 향을 가
지고 있다.

피클링 스파이스(Pickling Spice)

원산지: 서유럽
용도: 마르네이드, 절임
특징: 각종 향신료를 혼합하
여 수염용으로 사용한다.

7 조미료

(1) 조미료

조미료(Food Seasoning)는 식품을 조리할 때 식품 자체의 맛이 부족하거나 맛이 없을 때, 조미료나 향신료 등 조미물질을 사용하여 기호성과 관능특성을 향상시키고, 음식의 식감에도 여러 가지 영향을 미친다. 음식에 각종 부재료와 향신료 등을 첨가하여 풍미를 증가시키고 맛을 좋게 하는 단계로 음식을 조리하는 과정에서 매우 중요하다. 조리과정에서 불의 세기 조절, 적절한 가열시간 등은 음식의 형태와 색, 맛에 결정적인 영향을 미치는 중요한 요소이다. 이때 조미료를 가미하는 시점과 적절한 사용법이 음식의 세밀한 맛의 차이를 결정하는데, 조미료는 재료자체의 맛을 극대화시키거나 식재료의 맛과 조미료의 맛을 혼합시켜 새로운 맛을 창출해 낼 수 있어야 한다.

가장 대표적인 조미료를 살펴보면 소금, 설탕, 식초, 향신료 등이 있으며, 조미순서는 설탕, 소금, 식초 순으로 하는 것이 좋다. 조미료를 동시에 첨가하면 분자량이 작은 소금이 분자량이 큰 설탕보다 빨리 식재료 속으로 침투되어 소금 속의 미량 함유된 칼슘이나 마그네슘이 식품의 조직을 경화해서 설탕의 침입을 막는다. 식초는 휘발하기 쉽고 클로로필 색소는 산에 의해 황록색으로 변하기 때문에 미리 식초를 사용하면 색이 곱지 못하다. 또한 허브는 요리의 마지막 단계에서 사용해야만 특유의 향을 살릴 수 있다.

(2) 조미의 상호작용

혀는 10~40℃에서 미각을 잘 느낄 수 있으며, 30℃ 전·후에서 가장 예민하다. 그래서 양식 코스에서는 차가운 음식 다음에 뜨거운 음식 순서로 제공하여 미각을 느낄 수 있게 한다. 온도가 올라감에  따라 단맛의 반응은 증가되고, 짠맛과 쓴맛은 감소되며 신맛은 온도에 별로 영향을 받지 않는다.

조미료의 상호작용은 다음과 같다.

- 설탕에 소량의 소금을 넣으면 단맛이 증가되며, 짠맛은 설탕의 첨가로 감소한다.
- 식초에 소량의 소금을 첨가하면 신맛이 강해지고, 다량의 소금을 첨가하면 신맛이 약해진다. 또한 소금에 다량의 식초를 첨가하면 짠맛이 약해진다.
- 짠맛은 쓴맛이 첨가되면 감소한다.
- 식초에 설탕을 첨가하면 신맛과 단맛의 어울림이 좋아지고, 단맛은 식초를 첨가하면 감소하고, 신맛은 설탕을 첨가하면 감소한다.
- 단맛은 카페인을 첨가하면 감소하고, 쓴맛은 설탕을 첨가하면 감소한다.

미각 반응에 따른 현상은 다음과 같다.

- 상승효과: 두 종류의 맛을 동시에 섭취하면 각각 섭취할 때보다 훨씬 강한 맛을 느끼는 현상
- 상쇄효과: 두 종류의 맛을 동시에 섭취하면 각각의 고유한 맛을 내지 못하고, 한쪽 맛이 다른 맛보다 약해지거나 없어지는 현상으로, 예를 들면 김치가 시어지면, 짠맛이 약해진다. 특히 상쇄효과가 높은 것은 쓴맛, 단맛, 신맛이다.
- 대비효과: 두 종류의 맛을 동시에 혹은 연달아 섭취하면 주된 맛이 강하게 느껴지는 현상으로, 예를 들면 단팥죽에 소금을 넣으면 단맛이 더욱 강하게 느껴지는 것이다.
- 맛의 변조: 먼저 한 가지 맛을 섭취하고 다른 맛을 섭취했을 때, 먼저 본 맛의 영향을 받아서 정상적인 맛과는 현저하게 달라진 맛을 느끼는 현상으로, 쓴맛을 본 직후의 물은 달게 느껴지는 것이 좋은 예이다.
- 맛의 억제: 서로 다른 맛 성분이 몇 가지 혼합되었을 경우, 주된 맛 성분이 약해지는데, 예를 들면 커피에 설탕을 섞으면 쓴맛이 단맛에 의해 억제된다.
- 맛의 피로: 같은 맛을 계속 섭취하면 그 맛이 변화하거나 미각이 둔해져서 맛이 약할 때에는 거의 느껴지지 못하는 현상으로, 예를 들면 황산마그네슘이 처음에는 쓰게 느껴지나 조금 지나면 약간의 단맛이 느껴진다.
- 맛의 상실: 열대지방 식물인 김네마 실버스터(gymnema sylvester)의 잎을 씹은 후, 일시적으로 단맛과 쓴맛을 느낄 수 없는데, 설탕을 먹으면 모래 씹는 느낌을 갖게 된다.

- 미맹: 미맹(taste blindness)은 식품의 쓴맛을 전혀 느끼지 못하는 것을 의미한다. Phenythiocar-bamide(PTC)물질에 대해 대부분의 사람은 쓴맛을 느끼지만, 일부 맛을 느끼지 못 하는 사람을 미맹이라고 한다. 미맹은 쓴맛을 못 느낄 뿐이지 다른 정미수분에 대해서는 정상적이므로 일상생활에는 지장이 없다.

(3) 조미료의 종류

1) 소금

소금은 간장과 함께 짠맛을 내는 기본 조미료 역할이 크지만 방부, 살균, 응고 등 여러 가지 기능을 가지고 있다. 하지만 너무 많이 섭취하면 각종 성인병과 부종 등 신체에 나쁜 영향을 미치기도 한다.

조리 중 소금을 사용할 때는 처음부터 사용하면 소금에 의해 음식이 단단해질 뿐만 아니라 간을 맞추기도 어렵다. 소금은 제조방법에 따라 호렴(胡鹽), 재제염(再製鹽), 식탁염(食卓鹽)으로 구분한다.

[표 8-3] 소금의 종류

종류	특징
호렴(천일염)	굵은 소금이라고도 하며, 김치류와 장류를 만들 때 사용하거나 생선을 절일 때에 사용한다.
재염	호렴에서 불순물을 제거한 것으로 간장제조, 채소, 생선을 절일 때 사용한다.
재제염	재염에서 불순물을 제거한 것으로 색이 희고 고우며, 꽃소금이라 한다.
정제염 (식탁염)	불순물이 없게 깨끗하게 정제한 소금으로 식탁에 상비하며 음식의 간을 조절할 때 사용한다.
가공염	소금에 다른 성분을 첨가해서 가공한 소금으로 맛소금, 죽염 등이 있다.

2) 설탕

설탕은 음식에 단맛을 주며 향과 색을 부여하고, 부드러운 식감과 촉촉함을 지속시켜 음식의 접착제 역할을 한다. 설탕은 사탕수수, 사탕무의 즙을 농축시켜 만들며, 제조법에 따라 백설탕, 황설탕, 흑설탕 등으로 나뉘고, 감미도는 백설탕이 가장 높다. 음식의 조미와 한과류를 만들 때에 사용하며 음청류나 떡 등에 사용한다.

3) 식초

식초는 음식에 신맛을 주며, 곡물이나 과일을 발효시켜서 만든다. 음식에 청량감을 주고 식욕을 촉진하며 소화 흡수를 돕는다. 조리 시 마지막에 첨가하는 것이 일반적인 사용법이다. 생선의 비린내를 없애주고, 단백질을 응고시켜 생선의 살을 단단하게 하며, 방부(防腐)작용을 한다. 현재 사용되는 식초는 양조식초와 합성식초로 구분되며 곡식, 과일, 알코올로 만든 식초가 양조식초에 해당된다.

4) 간장

간장은 소금과 함께 음식의 간을 맞추는 기본 조미료로, 콩을 발효시켜 만들며 음식에 짠맛과 감칠맛 및 색을 낼 때 사용한다. 간장은 크게 제조방법에 따라 재래식 한식간장, 양조간장, 산 분해간장으로 분류한다. 콩으로 만든 재래식 한식간장은 발효하면 아미노산을 많이 함유하고 깊은 맛이 있으나 염도가 높다. 양조간장은 콩에 누룩균을 배양해서 발효시킨 간장으로, 염도는 낮으나 깊은 맛이 없고 깔끔한 맛을 내어 요리에 많이 사용한다. 산 분해간장은 식용염산을 화학적 방법으로 분해하여 만든 간장으로, 발암과 불임을 유발할 수 있으므로 사용을 자제한다.

조리방법에 따라 국·찌개·나물을 만들 때는 청장(국간장)으로 간을 하고, 조림·포·초·육류 등의 양념에는 진간장을 많이 사용하며, 용도에 따라 초간장, 양념간장을 만들어 먹기도 한다.

5) 된장

된장은 오랜 세월 우리 국민들이 제일 사랑하는 기본 발효 조미료일 뿐만 아니라 훌륭한 단백질 급원 식품이다. 간장을 떠내고 남은 건더기를 숙성시켜 만든 것으로, 음식의 간을 맞추고 육류와 생선요리의 잡냄새를 제거해주는 기능도 있다. 쌈에 곁들이는 쌈장과 나물 및 장떡의 재료가 된다.

6) 고추장

고추장은 매운 맛을 내는 발효 조미료이다. 고춧가루에 메줏가루·엿기름·소금 등을 넣고 발효시켜 만든 것으로, 찌개나 국·볶음·생채·구이·나물 무침 등에 사용한다. 고기 다진 것과 마늘을 넣고 참기름에 볶아서 약고추장으로 만들어 먹거나 찬으로 이용하기도 한다. 또한 초고추장이나 양념 고추장을 만들어서 회나 비빔국수에 곁들여 먹기도 한다.

7) 파

대부분 모든 음식에 사용되는 채소로, 자극적인 매운 맛을 내어 육류의 잡내와 생선의 비린내를 줄이고, 휘발성 함황화합물의 향취로 음식의 맛을 향상시킨다. 일반적으로 대파, 중파, 실파, 쪽파 등을 많이 이용한다. 대파는 주로 흰 부분을 양념으로 이용하는데, 파란 윗부분은 농약의 위험성과 파 특유의 점성물질 때문에 사용을 기피한다. 중파는 송송 썰어서 설렁탕·곰탕·해장국에 넣거나 파를 대신하여 사용하고, 쪽파는 김치 등에 쓰이며, 실파는 국·전·적 등에 다양하게 사용한다. 대파의 뿌리는 총백이라 하여 차로 끓여 마시며 감기예방에 쓰이기도 하였다.

8) 마늘

마늘의 원산지는 중앙아시아와 지중해 국가이며, 껍질에 의해 둘러싸인 구근으로 속은 백색이고 껍질은 보라색이다. 알리신이라는 휘발성 물질을 함유하여 육류의 잡내와 생선류의 비린 냄새 및 채소의 풋냄새를 줄여주어 음식의 품질을  향상시킨다. 곱게 다져서 양념으로 사용하고, 향신료나 고명으로 사용할 때는 통째로 쓰거나 얇게 저며서 쓰며, 곱게 채 썰어서 사용하기도 한다. 소스, 마리네이드, 마늘버터로 사용된다.

9) 생강

생강은 진저론(Gingerone) 성분을 함유하고 있
어서 특유의 향과 매운 맛이 강하다. 생선의 비
린내를 제거하는데 제일 많이 사용하며, 육류의
잡내를 없애고 맛을 향상시키고, 한과나 음청류
에 많이 사용을 한다. 육류나 어류를 조리할 때
에는 단백질이 응고된 뒤 생강을 넣으면 방취효과가 크다.

양념으로 사용할 때에는 곱게 다지거나 편이나 채로 썰어서 사용하며 즙을
내어 사용하기도 한다.

10) 고추

고추는 붉은색을 띠며 캡사이신이라는 성분을 함유하고 있어 칼칼한 매운
맛을 내며, 단백질의 소화를 도와 신진대사를 좋게 하여 다이어트에 효과적이
다. 양념으로 사용할 때는 건조시켜서 분쇄하여 가루로 사용하는데, 벌레가
많아 농약을 많이 사용하므로 깨끗이 세척하고 고추 속의 씨와 내용물을 발
라내고 태양에 건조시켜 사용하는 것이 제일 좋다. 입자에 따라 굵은 고춧가
루, 중간 고춧가루, 고운 고춧가루로 분류한다. 굵은 고춧가루는 김치에 사용
하고, 중간 고춧가루는 김치나 양념으로 사용하며, 고운 고춧가루는 고추장
이나 생채 등에 많이 사용한다.

11) 겨자

겨자는 갓씨를 가루로 빻아 만든 양념으로 겨자에는 미로시나아제(myrosin
ase)라는 효소가 있어서 40℃의 따뜻한 물에 갠 후에 발효시켜야 쓴맛이 나지
않고 매운맛이 강해진다. 소금, 설탕, 식초를 넣고 겨자즙을 만들어 겨자채나
냉채에 사용한다.

머스터드(Mustard)라고 불리는 양겨자는 육류나 양갈비 등 서양요리에 많이
사용하며, 종류로는 디종(Dijon), Pommary 머스터드가 있다.

12) 레몬

생선류에 많이 사용하며, 향을 사용할 때도 있
으나 조리 시에는 조미료로 많이 사용된다. 즙
은 드레싱이나 소스에 사용한다.

13) 계피

계피는 특유의 향기를 가지고 있어서 음식의 향을 좋게 하고 통째로 사용하
기도 하며, 가루를 내어 사용한다. 수정과나 생강차에는 통계피를 넣어 국물
을 맑게 하면서 향을 주고, 계피가루로 만들어 육류의 잡내 제거와 떡 및 한과
등에 첨가하여 향과 색을 내는 데 이용한다.

14) 산초

산초는 천초 또는 참초라고도 하며 독특한 향과 매운맛을 낸다. 나무에서
채취하여 건조해서 가루로 만들어 추어탕이나 개장국 등의 비린내나 잡내를
제거하고, 생으로 채취해서 장아찌를 담고 볶아서 산초유 기름을 짜서 사용하
기도 한다.

15) 양념유

양념유로는 참기름과 들기름이 대표적이고 옥수수, 피마자, 산초유 등을 가
끔 사용한다. 참기름과 들기름은 특유의 고소한 향으로 식욕을 증진시키며,

발연점이 낮아 나물을 무칠 때 가장 많이 사용한다. 조리과정의 마지막에 첨가하여 매끄럽고 부드러운 질감과 맛, 향을 준다.

들기름의 경우 불포화 지방산을 많이 함유하고 있어 쉽게 산패하므로 가급적 빨리 사용하고 차가운 장소에 보관하는 것이 좋다.

16) 깨소금

참깨를 물에 깨끗이 씻은 다음 건져서 물기를 제거하고, 조금씩 고루 볶은 후 뜨거울 때 절구 같은 분마기로 빻은 것이며, 소금을 조금 넣기도 한다. 깨소금은 향이 중요하므로 사용할 만큼 조금씩 볶아서 밀봉된 용기에 담아 사용하는 것이 좋다. 나물·찜·조림 등 모든 음식에 고루 이용한다.

17) 젓갈

젓갈은 김치나 음식에 양념으로 쓰이지만 짠맛과 단맛 및 감칠맛이 어우러져서 독특한 맛과 풍미가 있어 반찬으로도 많이 사용한다. 소금을 넣어 숙성(熟成)시켜 짠맛이 강해 찌개, 국 같은 국물요리에 소금 대신 간을 맞추고 감칠맛을 더하기도 한다.

특히 새우젓갈과 멸치젓갈은 김치를 담글 때 많이 사용하며, 새우젓갈은 돼지고기 수육에 갖은양념을 하여 곁들여 먹는다.

8 특수 채소와 식용 꽃

(1) 싹

싹(Sprout)의 사전적 의미는 씨나 줄기에서 처음 나오는 어린 잎과 줄기를 말하며, 식물은 이 시기에 생장이 왕성하다. 즉, 이 시기에 생명 유지에 필요한 영양소가 새싹, 어린 잎에 응집돼 있고, 발아한 지 5~10일된 싹은 최고의 영양밀도를 갖는다. 이 시기의 식물은 완전히 자란 것보다 비타민과 미네랄 등 유효성분이 훨씬 많고 소화가 쉬워서 남녀노소 누구나 즐길 수 있다.

새싹채소를 먹는 방법으로 생식 혹은 차게 무쳐서 먹는 방법이 있다. 일반적으로 간장, 식초, 기름 등을 넣어 조미를 하고, 어떤 것은 깨 양념장, 된장 혹은 설탕, 소금, 파, 생강, 마늘 등으로 양념해 먹는다. 또한 순류는 볶아서 먹는 것이 가장 적당하며, 싹류와 순류 모두 속을 만들 수 있다. 볶아서 먹을 때는 달걀, 채 썬 살코기 등을 같이 넣을 수 있으며, 채소만 볶아서 먹을 수도 있다. 종류로는 메밀싹, 유채싹, 배추싹, 브로콜리싹, 삼색무순, 알팔파싹, 적양배추싹 등이 있다.

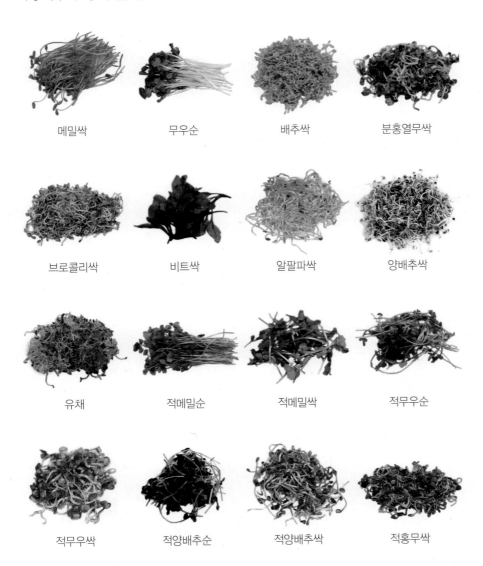

메밀싹	무우순	배추싹	분홍열무싹
브로콜리싹	비트싹	알팔파싹	양배추싹
유채	적메밀순	적메밀싹	적무우순
적무우싹	적양배추순	적양배추싹	적홍무싹

(2) 어린 잎 채소

어린 잎 채소(Baby leaf)는 친환경 유기농법으로 재배된 채소 중 가장 맛있고 영양이 가득한 어린 잎만을 수확하여 샐러드로 먹는 채소를 말한다. 뿌리 바로 끝에서 잘라 수확하기 때문에 비타민과 미네랄 등의 영양 손실이 적고, 바로 씻어서 싱싱하게 담아서 샐러드로 즐길 수 있다. 종류로는 적겨자, 다홍채, 치커리, 비타민, 청경채, 비트 어린 잎 등이 있다.

적겨자 어린 잎

다홍채 어린 잎

적치커리 어린 잎

청치커리 어린 잎

노랑치커리 어린 잎

교나 어린 잎

비타민 어린 잎

청경채 어린 잎

샐러드바울 어린 잎

로메인상추 어린 잎

적근대 어린 잎

적샐러드채 어린 잎

비트 어린 잎

어린 방풍잎

어린 연잎

오크리프 어린 잎

(3) 특수 채소

앤다이브(Endive)

원산지: 인도, 유럽, 서아시아, 미국 전역
특징: 현재 우리나라에서는 수입해서 사용하며, 약간 쓴맛이 나고 샐러드나 조림, 튀김, 구이에 사용한다.

비트(Beet Leaf)

원산지: 유럽
특징: 겉과 속이 모두 붉으며, 수용성 색소로 추출해서 식용색소로 사용하기도 한다. 고소하면서 단맛이 나며, 주로 소금과 식초를 넣은 물에 한 시간 정도 푹 삶아서 사용한다.

청경채(Pak Choi)

원산지: 중국
특징: 겨자 과에 속하는 채소로, 샐러드 재료로 많이 사용한다. 볶아서 사용할 때는 높은 온도에서 재빨리 볶는다.

겨자잎(Mustard Green)

원산지: 지중해 연안
특징: 샐러드용으로 쓰이며, 생선회에 곁들이면 비린내를 없애준다.

라디치오(Radicchio)

원산지: 이탈리아, 유럽 중부 지방
특징: 색이 곱고 독특한 톡 쏘는 맛과 연한 쓴맛 때문에 샐러드에 널리 사용한다.

샬롯(Shallot)

원산지: 프랑스
특징: 양파와 마늘 중간의 매우면서 알싸한 맛으로 양파보다 더 달지만 더 섬세한 맛이 난다. 프랑스요리에 가장 많이 사용한다.

아티초크(Artichoke)

원산지: 지중해 연안, 이란, 이라크, 터키
특징: 꽃으로 피기 이전에 어린 꽃봉오리를 잘라서 먹거나 소금물에 절여 그릴에 굽거나 튀겨 먹는다.

아티초크 뿌리

원산지: 아티초크와 동일
특징: 삶을 때 소금물에 밀가루를 넣어 삶으면, 변색을 방지하고 쌉쌀한 맛을 잡아주며, 부드러운 질감을 갖는다.

어린 쥬키니 호박과 꽃(Zucchine)

원산지: 미국 남부, 멕시코 북부
특징: 껍질째 가열하여 요리하며, 은근한 쓴맛이 특징이다. 씹는 질감은 가지와 비슷하다.

흰아스파라거스(White Asparagus)

원산지: 동부 지중해, 서아시아
특징: 아스파라거스를 햇빛에 노출시키지 않고 색소를 최소화하였다. 수프나 샐러드, 튀김용으로 사용한다.

당귀 잎(Angelica)

원산지: 한국, 중국, 일본
특징: 뿌리와 잎에서 은은한 한약 냄새가 나며, 쌈을 싸먹거나 나물로 먹는다.

로메인 레터스(Romain Lettuce)

원산지: 로마
특징: 씹는 맛이 아삭아삭하며, 일반 상추와 달리 쓴맛이 적고 감칠맛이 난다. 주로 샐러드로 사용한다.

꽃상추(Endive)

원산지: 지중해
특징: 연한 잎은 봄철에 샐러드로 만들며 독특한 쓴맛이 있다.

치커리(Chicory)

원산지: 북유럽
특징: 카로틴과 철분이 풍부하며, 주로 쌈에 사용한다. 맛은 쌉싸름하여 입맛을 돋아 준다.

루콜라(Arugula)

원산지: 지중해
특징: 잎과 꽃이 모두 식용이며, 맛이 고소하고 쌉쌀하며 톡쏘는 매운 향이 나는 것이 특징이다. 가볍게 볶아먹거나 육류요리에 곁들여 먹으면 좋다.

민들레 잎(Dandelion)

원산지: 한국 전역
특징: 민들레 잎의 쓴맛은 보다 순한 맛의 다른 샐러드 채소와 잘 어울린다.

오크라(Okra)

원산지: 아프리카 북동부
특징: 비타민C가 풍부하며 피로회복에 좋고 샐러드, 튀김으로 먹거나 수프에 넣어먹는다.

케일(Kale)

원산지: 지중해
특징: 비타민 A, B, C를 많이 함유하며, 미네랄이 풍부하다. 단맛이 나며, 부드럽고 신선한 어린 잎은 쌈이나 샐러드로 많이 먹는다.

곱슬겨자(Mustard Green)

원산지: 중앙아시아
특징: 잎이 곱슬거리는 녹색
의 겨자로 씨앗은 둥글고 아
주 작으며 약간 매운맛을 내
고, 잎에는 톡 쏘는 매운맛과
특유의 향이 난다.

그린비타민(Green Vitamin)

원산지: 중국 북부
특징: 잎과 잎줄기를 먹으며
시원한 맛을 주고, 비타민이
풍부하다. 주로 샐러드에 사
용한다.

그린치커리(Green Chicory)

원산지: 남아시아 북부, 중국
특징: 맛은 상추와 유사하고
인티빈이 함유되어 있어 약간
쓰며, 독특한 풍미를 가지고
있다. 주로 샐러드나 쌈 채소
로 사용한다.

적치커리(Red Chicory)

원산지: 남아시아 북부, 중국
특징: 맛은 고소한데, 인티빈
을 함유하고 있어 약간 쓴맛
이 난다. 샐러드와 쌈 채소로
사용한다.

레드쏘렐(Red Sorrel)

원산지: 아시아, 유럽
특징: 쏘렐 특유의 톡 쏘는
향이 나며, 상큼한 신맛이 나
는 향신료 채소이다. 비타민
C가 풍부하며 수프나 샐러드
에 사용한다.

백단채(Collard Green)

원산지: 지중해
특징: 잎이 매우 곱슬곱슬하
고, 거칠고 향기 강하다. 대부
분 조리하여 사용한다.

적단채(Collard Red)

원산지: 지중해
특징: 곱슬케일과 같은 종류
로 서로 다른 색의 잎을 샐러
드나 접시 장식에 사용한다.

슈가피순(Sugar Pea Shoots)

원산지: 지중해 연안, 중앙아
시아
특징: 달콤한 완두콩 순은 달
달한 맛이 난다고 하여 슈가
피 또는 스노우피라고 한다.
주로 샐러드나, 가니쉬, 스크
램블에 사용한다.

프리세(Frisse)

원산지: 벨기에
특징: 아삭하고 달고 쌉싸름
하다. 주로 샐러드나 접시의
가니쉬에 사용한다. 육류 요
리에 곁들여 먹거나 다른 과
일과 채소에 잘 어울린다.

(4) 식용 꽃

　식용 꽃(Edible flower)은 최근 요리에서 시각적인 면이 부각됨에 따라 이탈리아, 중국, 일본, 동남아 등에서 음식에 많이 사용되고 있으며, 특히 유럽에서는 건강식품으로 인기 있다. 식용 꽃이라고 모두 요리에 사용되는 것이 아니며, 색깔, 향기, 맛, 영양 네 가지 중 최소한 한 가지는 충족되어야만 재료로 사용할 수 있다. 대부분 맛은 없지만 몇 몇 꽃은 고소한 맛이나 신맛을 갖고 있고, 화려한 색과 약효 때문에 식용으로 쓰이고 있다. 식용 꽃은 개화시기가 짧아 원하는 재료를 항상 구하기도 어렵고, 빨리 시들기 때문에 장기간 보존이 어렵다. 꽃가루 성분이 알레르기 등을 발병시킬 수 있으므로, 요리할 때 암·수술은 제거해야 한다. 지금까지 꽃은 관상용이라는 고정관념 때문에 꽃요리에 거부감을 느낄 가능성이 있다. 독성이 강한 꽃도 있으므로 식용으로 밝혀진 꽃만 사용하도록 한다.

가지꽃	금어초	덴파레	메리골드
바이올렛	베르가못	비올라	소국화
쑥갓꽃	아이비제라늄	열무꽃	오이꽃

장미	제라늄	진달래	패랭이

팬지	한련	호박꽃

1) 식용 꽃의 영양

잎이 변한 형태의 꽃은 영양분의 결정체이며, 성인병 예방에도 좋은 복합영양제다. 칼로리는 높지 않으면서 아미노산, 비타민, 단백질 등이 풍부하기 때문이다. 꽃잎이 함유하고 있는 꽃가루는 꽃의 정수이며, 식물의 수컷 성질의 생식세포를 가지고 있어 풍부한 영양소를 함유한다. 그 양이 뿌리·줄기·잎보다 몇 배 더 많을 뿐만 아니라, 많은 효소와 호르몬과 미지의 물질들을 가지고 있어 인체 면역기능을 높이고 신진대사를 촉진시킨다. 꽃의 색소인 안토시아닌은 노화를 지연시키고 피부미용에 좋다.

최근 꽃에 대한 과학적 성분 분석이 이뤄지고 있다. 꽃가루는 일반적으로 35%의 단백질, 22종의 필수 아미노산, 12종의 비타민, 16종의 미네랄을 함유하고 있는 것 외에 사람의 생명현상에 불가사의한 작용을 하는 R인자를 가지고 있다. 꽃잎 자체에도 갖가지 영양소가 들어 있다.

2) 식용 꽃의 용도

우리 선조들은 절기에 따라 봄에는 진달래화전이나 동백꽃잎을 튀겨먹고, 가을에는 국화주를 담그거나 국화전을 만들어 먹었다.

식용 꽃의 활용법은 무궁무진하다. 대부분의 꽃은 열을 가하면 색이나 모양이 변하기 때문에 생으로 먹는 것이 보통이다. 요리하기 위해 꽃을 준비할 때는 먹는 꽃의 꽃술을 제거하고 흐르는 물에 씻어서 이용한다. 플라워 티·샐러드·술 재료·장식용·튀김·향료 등으로 쓰이고, 인동 꽃이나 목련을 달여 먹으면 감기나 두통, 매화는 갈증 해소에 좋다. 국화를 베개에 넣고 자면 어지럼증과 귀울림이 없어지고, 물푸레나무 꽃은 입 냄새와 치통을 없애준다. 혈액순환과 배변을 도와주는 복숭아꽃이나 살구꽃은 몸을 따뜻하게 해줘 불임 여성에게 좋다. 이와 같이 우리 선조들은 꽃을 민간요법으로 활용하였다.

The Management Cuisines
in the kitchen

참고
문헌

• 교육부, http://www.moe.go.kr
• 김경환 외 8인, 고급서양조리, 석학당, 2015
• 김경환 외 8인, 기초서양조리, 석학당, 2016
• 김용문 외 4인, 주방관리론, 광문각, 2012
• 김기영, 주방관리론, 백산출판사, 1997
• 농림축산식품부, http://www.mafra.go.kr
• 네이버사전(두산백과) 100.naver.com/ 2006
• 식품의약품안전처, http://www.mfds.go.kr
• 윤수선 외 4인, 주방관리, 백산출판사, 2010
• 이종호 외 2인, 조리원리와 실제, 기문사, 2004
• 롯데호텔 직무교재, 1990
• 서울 프라자호텔 직무교재, 1997
• 한국산업안전공단, http://www.kosha.or.kr
• 한국산업인력관리공단 국가직무능력 표준(NCS)학습모듈
• 조학래, 식품위생학, 동의과학대학 출판부, 2002

자료 제공

• 해오름 허브 농장
• 주식회사 대경 나이프

찾아보기

ㅇ

김경환

- 동의대학교 외식경영학 박사
- 국가공인 조리기능장
- 롯데호텔, 서울 프라자호텔 조리장 역임
- 現) 동의과학대학교 식품영양조리계열 교수

김병일

- 영산대학교 호텔관광학 석사
- 롯데호텔, 서울 프라자호텔 조리장 역임
- 現) 동원과학기술대학교 호텔외식조리과 교수

안형기

- 경주대학교 대학원 관광학 박사
- 現) 인천재능대학교 호텔외식조리과 교수

최재영

- 건국대학교 생물공학과 박사과정
- 現) 인천재능대학교 호텔외식조리과 조교수

김남곤

- 세종대학교 조리외식경영학과 박사 수료
- 現) 국제대학교 호텔외식조리과 교수
  평택시 어린이급식관리지원센터 센터장

주방관리론

발 행 일	|	2017년 8월 21일 초판 인쇄
		2017년 8월 28일 초판 발행
지 은 이	|	김경환·김병일·안형기·최재영·김남곤
발 행 인	|	김홍용
펴 낸 곳	|	도서출판 **효일**
디 자 인	|	에스디엠
주 소	|	서울시 동대문구 용두동 102-201
전 화	|	02-460-9339
팩 스	|	02-460-9340
홈 페 이 지	|	www.hyoilbooks.com
E m a i l	|	hyoilbooks@hyoilbooks.com
등 록	|	1987년 11월 18일 제6-0045호
정 가	|	19,000원
I S B N	|	978-89-8489-431-0